天下雜誌
觀念領先

讓部屬擁有安全感
打造挖不走的零內鬥團隊

最後吃才是真領導

LEADERS
EAT LAST

Why Some Teams Pull Together
and Others Don't

賽門·西奈克 Simon Sinek　　顏和正/譯

最後吃才是真領導

獻給在美國空軍遇到的每個人
比起那些西裝筆挺的傢伙，
你們教給我更多人性的真知灼見。

關心部屬，才是真正的領導者

喬治‧佛林（George J. Flynn）

　　我知道一直以來都沒有討論組織如何透過管理走出危機的個案研究，這些走出危機的組織靠的都是領導者的領導。然而，今日多數的教育機構與訓練計劃都沒有把重點放在培養偉大的領導者，而是把重點放在訓練能幹的經理人。一般人把短期收獲視為成功的印記，可是為了組織的長期發展、成長而做出的努力卻被認為是付帳單而已。《最後吃，才是真領導》就試圖改變這個慣例。

　　在這本書中，西奈克並沒有提出什麼全新的領導理論或核心原則。他寫這本書有個很崇高的目的，他要讀者相信，他的建議可以讓世界變得更美好。他的願景也很簡單，就是培育出一個全新世代，讓所有人都了解，一個團隊要成功，看的是傑出的領導力，而不是優秀的管理技巧。

　　西奈克以美國軍隊（特別是海軍陸戰隊）為例，說明領導者把重心放在團隊成員的重要性。這不意外，軍隊擁有強烈文化與共享價值觀，了解團隊合作的重要，同時在成員之間創造互信、保持專注，而且更重要的是，體認到人際關係對任務成敗的影響。軍隊的任務如果失敗，產生的後果將是

巨大的災難。因此，任務失敗是不被容許的事。無庸置疑，「人」才是使得軍事任務得以成功的關鍵。

當你跟海軍陸戰隊一起用餐時，你會留意到最先被服務的人是最資淺的隊員，最後用餐的反而是最資深的軍官。你還會發現，並不是因為有人下命令才讓你看到這個現象，海軍陸戰隊就是這樣。這個簡單動作的核心價值，顯露出海軍陸戰隊的領導風格。海軍陸戰隊的領導者最後才用餐，因為領導的真正價值在於領導者願意把其他人的需求放在自己的需求之前。偉大的領導者真心關懷部屬，同時明白領導特權的真正價值就是犧牲自我的利益。

西奈克在上一本著作《先問，為什麼？》中說明，組織要成功，領導者就必須了解組織存在的真正目的，也就是「為什麼」。在《最後吃，才是真領導》中，他引領讀者進入另一個層次，解釋為何有些組織的表現比其他組織優異。他透過詳細描述領導者面臨的種種挑戰來說明。簡單地說，領導者光是知道組織的使命（也就是「為什麼」）還不夠；還必須認識團隊成員，理解他們並不只是可供犧牲的資源。簡而言之，擁有專業能力並不足以成為好的領導者；優秀的領導者必須真心關懷那些把自己託付在你手上的人。

顯然，良好的管理並不足以讓組織成功不墜。西奈克針對人類行為的要素深入解釋，為何有些組織在短期表現不錯、但最終還是失敗，真正原因主要還是出在領導者不能創

造出讓團隊成員成為主角的環境。就像西奈克提到，不管景氣如何，一個能讓團隊成員共享價值，而且受到珍視的組織，才能創造出長期成功。

　　美國總統約翰・亞當斯（John Quincy Adams）肯定相當明白西奈克想要傳遞的訊息。因為他清楚了解什麼是領袖。他這樣說：「如果你的行為能激起其他人更勇於作夢、學到更多、做得更多，而且變得更好，你就是個領導者。」我衷心相信你能在這句話中找到《最後吃，才是真領導》傳達的訊息。當領導者能啟發帶領的人，他們就會夢想一個更美好的未來、願意投注更多時間與精力學習、為組織付出更多，同時在這個過程中成為領導者。一個照顧團隊成員、專注組織幸福的領導者從來不會失敗。我希望讀完這本書的讀者也能受到啟迪，永遠最後才吃。

　　　　　　　　　　（本文作者為美國海軍陸戰隊退役中將）

PART I

安全感

1 同理心的組織文化

厚厚的雲層遮住所有光線，沒有星光，也沒有月亮，只有一片漆黑。突擊小組緩緩穿越山谷，崎嶇的岩石地形拖累行軍的速度。更糟的是，他們知道自己正被監控，性命危在旦夕。

911 攻擊到現在還不滿 1 年。塔里班政權最近才因為拒絕交出蓋達組織領袖賓拉登被美軍重擊垮台。許多特勤小組還在這個地區執行機密任務，這個正在執行任務的突擊小組正是其中之一。

我們只知道這 22 人小組正深入敵軍領土，剛抓到政府稱為「高價值目標」（high-value target）的人物。現在他們正穿過阿富汗山區的深谷，準備將這名「高價值目標」護送到安全的地方。

那天晚上，飛越厚重雲層的是機長麥克・卓里（Captain Mike Drowley），可以稱他英勇強尼（Johnny Bravo，**編註：美國著名的卡通主角**）。除了颼颼的引擎聲，天空看來非常平靜。數千顆星星點綴著夜空，月亮將雲層上方照亮，明亮到看起來彷彿是剛落下的雪花，真是美極了。

英勇強尼跟另一名飛行員各操控一架 A-10 攻擊機在上空盤旋，以便地面部隊有需要時可以提供支援。A-10 攻擊

機有個親切的代號，叫做「疣豬」。技術上來說，它並不是噴射戰鬥機，而是轟炸機。這種速度相對較慢的單人座軍機的設計目的，就是為了提供地面部隊低空援助。跟其他噴射戰鬥機不同，它飛不快、外型也不太好看（因此才有這種暱稱），但總是能使命必達。

在理想的狀態下，2 名 A-10 飛行員與地面部隊彼此都能互相看見。地面特勤小組看到飛機在上面，知道有人在照應，就會變得更有信心；另一方面，飛行員看到部隊在下方行進，也會更加確定在有需要的時候可以立即伸出援手。但是，因為那天晚上厚重的雲層與阿富汗的山區地形，雙方只能透過時好時壞的無線電聯絡。由於沒有一絲光線可以透出雲層，英勇強尼看不到地面部隊。但從無線電中聽到的地面部隊動靜就足以讓他採取行動。

憑著直覺，英勇強尼決定不顧天候狀況，將飛機下降到雲層底下，以便看清楚地面發生的狀況。這是很大膽的舉動，英勇強尼得穿過厚重的雲層、伴著間歇性風雨，再加上夜視鏡造成視線範圍縮減的情況下飛進山谷。在這些條件下執行俯衝任務，即便經驗最老道的飛行員都是極端危險的舉動。

英勇強尼並沒有接到必須執行這項冒險任務的命令。如果當時有指令，應該是要他按兵不動、就地等待，直到接收到求助信號再有動作。但英勇強尼跟大多數飛行員不一樣，

即便安全坐在數千英尺高空的軍機駕駛艙，他還是可以感受到地面部隊的焦慮不安。不論有多危險，他就是知道應該從高空俯衝而下，而且沒有其他選擇。

正當他準備俯衝、突破雲層飛進山谷之際，他的第六感已被證實。無線電中傳來讓飛行員膽戰心驚的 4 個字：「部隊交戰！」（Troops in contact）

「部隊交戰」意味著地面部隊陷入麻煩，這是地面部隊通知正遭受攻擊的暗語。即使在訓練時已經不知聽過多少遍，在 2002 年 8 月 16 日晚上，英勇強尼首度在戰鬥狀態中聽到這個暗語。

英勇強尼找到一個方法幫助自己理解地面部隊的狀況，那就是感同身受。在每次的訓練演習中，每當飛過戰場，他總是會在心中重溫電影《搶救雷恩大兵》（*Saving Private Ryan*）中，聯軍搶灘登陸諾曼第的情節。他想像著希金斯登陸艦（Higgins boat）降下斜坡跑道，在德軍的砲火交織中，部隊搶灘登陸。子彈呼嘯掠過，射偏的子彈打到登陸艇的鋼鐵船身。此外，還有被攻擊的官兵發出的呼喊。英勇強尼訓練自己想像當聽到「部隊交戰」這句暗語時，地面正出現相同情景。因為這樣的影像深植在腦中，英勇強尼一聽到呼救信號就立即採取行動。

他要另一個飛行員在雲層上待命，並通知飛行控制員與地面部隊他打算做的事，之後他就駕著轟炸機對準黑暗俯衝

下去。穿越雲層的亂流讓飛機顛簸不已。一會兒猛衝到左邊，一會兒又忽然下降，不然就是被推向右邊。A-10 跟一般人乘坐的商用客機不同，設計的重心不是為了乘客的舒適。所以他穿越雲層時，機身劇烈地左右搖晃、上下震動。

英勇強尼駕著飛機鑽入無法預期的未知，他把注意力放在手邊的工具上，試著盡可能擷取更多的資訊。他的目光掃過儀表板，再很快地看一眼前方的擋風窗。高度、速度、方向，以及擋風窗。高度、速度、方向，以及擋風窗。「請～讓～我～成功～拜託，請～讓～我～成功。」他聽著自己的呼吸聲邊對自己說。

總算穿過雲層的英勇強尼接著飛進山谷，他離地面不到 1000 英尺。眼前的景物完全沒有看過。敵軍從山谷兩側開火，如同暴雨般的掃射，猛烈到「砲火線」（意指跟在子彈後面的光線）照亮整個地區。子彈與火箭砲全都對準山谷中央發射，並且一致瞄準谷地下方的特勤部隊。

2002 年的航空電子學還不像現在這麼先進。英勇強尼使用的儀器無法讓他避開山壁。更糟的是，他使用蘇聯 1980 年代入侵阿富汗時留下來的舊版飛行地圖。但他意志堅決，絕不許自己讓地面部隊失望。「還有比死亡更糟糕的事，」他會告訴你，「比死亡更糟的是意外害死自己的同伴；另一件更糟的事是你活著回家，但其他 22 人卻死了。」

所以在那個漆黑的 8 月夜晚，英勇強尼開始計算。他知

道飛機的時速，也知道飛機與山壁的距離。他在腦袋中很快地計算，並大聲讀秒避免撞上山壁。「1秒鐘、2秒鐘、3秒鐘……」他把機槍鎖定在看得見許多敵軍發射的位置，並扣住加特林機槍的板機。「4秒鐘、5秒鐘、6秒鐘……」就在要撞上山壁之際，他將操縱桿向後拉，讓轟炸機來個緊急大轉彎。機身呼嘯著重新穿越上方雲層，英勇強尼唯一的選擇是避免撞上山壁。地心引力把他的身體緊緊抵在座位上，他準備再來一次。

但是無線電中並沒有傳來任何聲音。巨大的沉默震耳欲聾。無線電的沉默是否意味著沒有射擊成功？還是負責無線電通訊的軍官已經陣亡？或者，發生更糟的事，整個小組都被殲滅了？

接著聲音傳了進來，「射得好！射得好！繼續射！」因此他繼續射擊，他再一次穿越雲層，數著時間避免撞上山壁。「1秒鐘、2秒鐘、3秒鐘……」然後再來一次大轉彎，重複前面的動作。他的射擊正中目標，燃料也很充足。然而，新的問題出現：彈藥用完了。

他朝上穿越雲層，跟仍舊在上方盤旋的另一個飛行員碰頭。英勇強尼跟夥伴快速說明狀況，然後對他說：「跟我來。」這兩架彼此相距僅3英尺的A-10轟炸機，機翼對機翼，一同消失在雲層中。

當這兩架飛機再次出現在山谷時，距離地面都不到

1000 英尺，他們一起行動，英勇強尼數著時間，另一位駕駛員則跟在後面，對下方開火。「1 秒鐘、2 秒鐘、3 秒鐘、4 秒鐘……」接著兩架飛機同時大轉彎，然後重新再一次低空轟炸。「1 秒鐘、2 秒鐘、3 秒鐘、4 秒鐘……」

那天晚上，22 人都平安返回。沒有任何美軍傷亡。

▌ 同理心讓人人犧牲奉獻

在阿富汗的那個 8 月夜晚，英勇強尼冒著生命危險讓同僚活下來。他沒有拿到任何績效獎金，也沒有因此升職或接受表揚。他沒有要讓人關注，或追求電視實境節目的刺激。對英勇強尼而言，他說這只是「工作」的一部分，這趟勤務最大的獎勵是與護送的地面部隊見面。雖然他們從沒見過面，但一見到面，他們就像老友般互相擁抱。

我們在層級分明的組織裡工作，總是希望最上層的老闆看到自己的成績。我們會舉起手，希望獲得認可與獎勵。對我們大部分人來說，如果努力能得到更多認可，我們就會覺得自己很成功。這套系統可以運作良好，只要監督我們工作的人永遠待在公司，而且不用承受上級過度的壓力，不過這個標準實在很難長久維持。對英勇強尼這樣的人來說，追求成功、推動組織利益的動機並非來自上級的認可，這是犧牲與服務的組織文化中不可或缺的一部分，組織裡各層級的成

員都會互相保護。

有個資產讓英勇強尼即使知道自己可能一去不返，仍然義無反顧勇敢穿越未知的黑暗，不過跟你想的不一樣。這個資產很有價值，不過並不是他受到的訓練；雖然他受過的高等教育，這個資產也並不是學歷；雖然他用的工具令人驚嘆，但這個資產也不是他的轟炸機，或者機上配備的先進系統。儘管手中握有這麼多可以使用的科技產品，英勇強尼卻明確指出，「同理心」才是工作時唯一擁有的重要資產。你可以問任何一個傑出的軍人，為何要為了其他人的幸福冒險，他們都會給你同樣的答案：「因為他們也會為我這麼做。」

像英勇強尼這樣的人是怎麼來的？他們一出生就是這樣嗎？也許有些人是如此。但我認為，如果職場的條件能滿足特定標準，每個人都會變得勇敢，就像英勇強尼一樣願意犧牲奉獻。雖然我們不會被要求冒著生命危險，或是拯救其他人的生命；但是我們還是會很高興跟其他人分享榮耀，成功的協助同事。更重要的是，在適當的條件下，我們的同事也會選擇為我們做同樣的事。當這樣的事情發生時，當這種連結形成時，就會為成功奠下扎實的根基，不論多少金錢、名聲或獎項都無法買到這種成就。這就是領導者會把團隊成員的幸福視為最優先順位的工作環境；而且相對地，團隊成員也會因此付出所有的一切，保護並推動彼此與組織的利益。

　　我拿軍隊當例子是因為當事情攸關生死時，這樣的教訓更明顯。能締造最偉大成功的組織，在組織動員與創新上都會超越競爭對手；不論組織內外都會賦予它最崇高的尊重、擁有最忠貞的成員與最低的流動率，並且有辦法安然度過所有的風暴或挑戰。在這樣卓越的組織中，全都有著領導者會從上到下保護成員、而成員們會彼此照應的文化。這就是為何大家願意奮力向前衝、承擔各種風險的原因。能達到這種境界的組織，都是靠著同理心。

2 員工是人，不是機器

　　在沒有同理心文化之前，去上班就好像是去……嗯，上班。每個早上，工廠員工站在機器前，等待上班鈴聲響起。當鈴聲大作，一聲令下，人人打開開關，啟動機器。幾秒鐘內，機器的轟隆聲就會壓過他們的聲音，開始一天的工作。

　　大約 2 小時後，鈴聲再度響起，休息時間到了。機器暫停，每個工人離開座位。有些人去洗手間，有些人去喝杯咖啡，有些人坐在機器旁邊休息，直到鈴聲再度響起，告訴他們工作時間到了。幾個鐘頭之後，鈴聲響起，這回是告訴大家，現在可以離開工廠吃午餐，工作節奏向來如此。

　　「我不知道還有什麼更好的方法，」已經在海森珊第艾克（HayssenSandiacre）公司工作 14 年、擔任組裝線組長的麥克‧默克（Mike Merck）帶著很重的美國南方口音慵懶地說，「我想這棟大樓的每個人都會這樣跟你說。」

　　但是自從鮑伯‧查普曼（Bob Chapman）接手這家位在美國南卡羅萊納州（South Carolina）的包裝公司後，開始出現改變。查普曼是另一家名字冗長的公司貝瑞威米勒（Barry-Wehmiller）執行長。這家以製造業為主的公司是查普曼過去幾年到處收購企業的成果。多數企業是出問題被查普曼收購，這些公司的財務基本面很差，有些的經營文化還

很糟。海森珊第艾克是他最新收購的公司。其他的執行長可能會帶來一批顧問與一套新策略，以便跟員工說明如何「讓公司起死回生」。然而，查普曼完全不同，他要聆聽員工的心聲。跟他以前收購所有公司的做法一樣，他最先做的事，就是坐下來聆聽員工的想法。

在這家公司工作 27 年的資深員工朗‧坎貝爾（Ron Campbell）剛從波多黎各出差回來。他在當地待 3 個月，負責在客戶的工廠安裝海森珊第艾克的生產設備。跟查普曼同處一室，坎貝爾猶豫不決，不知該不該談論過去在公司的工作狀況。「首先，」坎貝爾問，「如果我說實話，明天還能順利進辦公室嗎？」查普曼臉上掛著微笑，「如果你因為今天說的話碰到麻煩，」他拍胸脯保證，「你就打電話給我。」

有了這個承諾，坎貝爾開始侃侃而談。「嗯，查普曼先生，」他說，「我出差時得到的信任，似乎比在公司多。我在客戶那裡比這裡自由。」他指的是在波多黎各出差的日子。「當我一踏進工廠，我的自由彷彿都不見了，好比有人用手壓住我一樣。我走進廠房、午休離開、吃完飯回來，到下班都必須打卡，我在波多黎各都不用這麼做。」查普曼以前在其他工廠也聽過類似的事情。

「我跟工程師、會計和辦公室同事走同樣的門，」坎貝爾接著說，「他們左轉進辦公室，我直走進工廠，然而我們卻有截然不同的待遇。他們獲得信任，可以自行決定什麼時

候去買汽水、喝咖啡，或者休息片刻，我們卻得等鐘聲響起。」

其他人也有相同的感覺，就像在兩家不同的公司。不論工作多麼努力，站在機器旁邊的工人就是不覺得受到公司信任，只因為他們在工廠的生產線工作，而不是坐在辦公桌前。如果辦公室的員工要打電話告訴小孩說要晚點回家，他們可以直接拿起電話。然而在工廠的生產線上，如果工人做同樣的事，必須獲得許可，才能使用付費電話。

坎貝爾一說完，查普曼立即要人事主管移除時鐘，取消鈴聲。查普曼並沒有大張旗鼓宣告，也沒要求員工有任何回報。他只是決定從現在開始要不一樣，這只是開始。

同理心注入公司，信任也變成新標準。查普曼把每個員工都看成「人」，而不是工廠作業員或辦公室職員，他還推動其他改變，好讓每個員工都能得到相同待遇。

多餘的機器零件向來都鎖在零件室，如果作業員需要某個零件，他們必須在零件室外面排隊跟管理員索取。作業員不准自行進入零件室，這是防範盜竊的管理方法。也許這確實能防小偷，卻也強力提醒作業員，主管並不信任他們。於是，查普曼下令移除所有的鎖，拆掉所有圍牆，每一個員工都可以自由進入零件室，取得需要的零件或工具。

查普曼還撤走所有付費電話，讓每個員工都能隨時使用公司電話。不需要準備零錢，也不用獲得許可。他們可以打

開每一扇門，只要他們喜歡，隨時進入公司的每一個角落。在辦公室與工廠生產線工作的員工都受到一視同仁的待遇，這些都是全新的規範。

查普曼知道，要贏得員工的信任，領導者必須先把他們當成「人」來對待。為了贏得員工信任，他必須先信任員工。他不認為上過大學或有會計專長的人就比高中畢業或技職畢業的人更值得信賴。查普曼相信人性本善，並用這樣的方式對待每個員工。

短短時間內，公司開始有家的氣氛。僅僅藉著改變工作環境，同一群人開始用不同的方式對待彼此。他們覺得有歸屬感，能放輕鬆工作，感覺受到重視。大家開始互相關心，因為覺得別人也關心自己。查普曼總是喜歡說，這種充滿關愛的環境能讓人全心全意投入工作，組織開始興盛茁壯。

油漆部門有位員工面臨考驗。他罹患糖尿病的妻子需要截肢，他得抽出時間照料妻子。但他是領時薪的工人，為了這份收入他得工作。因為公司文化改變了，在沒有人要求下，其他同事很快提出一個計劃。他們重新安排自己的有薪假，好讓這個同事能有更多休假日。像這樣的事情以前從沒有發生過，而且這個計劃還明顯違反公司政策。但沒關係，「我們現在更替其他人著想，」默克表示。所以在行政人員的協助下，他們就這樣做。

「我從沒想過可以融入一份工作，」坎貝爾表示，「當

人們信任你，他們會為了你做出更好的表現，以贏得或保持那份信任。」自從那道由鎖鏈串起的圍牆拆掉之後，十多年來幾乎沒有發生過竊盜事件。如果員工有問題，他們知道老闆與同事會伸出援手。

然而，員工們不只更願意協助彼此解決問題，他們也更愛護工廠的機器。這意味著機器比較不容易出現故障，生產線因機器故障暫停的時間也因此縮短（這也表示可以減少支出）。改變不僅對員工有好處，對公司也一樣。自從查普曼接手後，海森珊第艾克的營收從 5500 萬美元成長到 9500 萬。毫無疑問，成長出現了，而且是在沒有管理顧問協助重整組織下出現。公司的成長得歸功於內部的老員工。他們對組織重新許諾，而且不是因為有獎金或受到威脅。他們更加投入工作是因為他們想要這麼做。在充滿關愛的新文化之下，每個員工都成長茁壯，公司的策略也得到成果。

當組織領導者聆聽員工的心聲，這樣的成果就會出現。不用強迫、施壓或是強制規定，大家自然會團結合作，彼此協助推動組織進步。工作原本只是基於義務，現在已經被榮耀感取而代之。為公司工作，也變成為彼此工作。職場不再是讓人害怕的地方，而是感覺受到重視的地方。

▍人性化領導，大家才會合作

查普曼很喜歡說第一次拜訪海森珊第艾克的故事。那是默克與坎貝爾談到轉型的 5 年前。當時，查普曼才剛併購公司。還沒有人認識這位新的執行長；在第一場會議開始前，他喝著咖啡，根本沒人留意。大家只是依循往例等著一天開始。在 1997 年 3 月那個早晨，查普曼坐在公司自助餐廳，決定開始在公司推動這些實驗。他看到入行多年來從沒有看過的景象，這個景象威力強大，足以迫使他重新檢視所有學過的企業經營知識。他在海森珊第艾克推動的做法，日後變成查普曼經營整個企業的基礎。更重要的是，這也讓他改變管理員工的方式。

查普曼坐在那裡，看到一群員工在上班前喝著咖啡……他們看來相當開心。他們開著玩笑，像老朋友般的大笑，並對晚上轉播的全國大專籃球賽下注。他們很愉快，似乎真的很享受這段共處的時光。但當他們起身開始一天的工作時，查普曼注意到他們的行為出現劇烈轉變。似乎被下令一般，他們的微笑被陰沉的表情取代。笑聲嘎然止住，同事情誼瞬間蒸發。「他們身上的能量似乎被抽光。」查普曼說。

查普曼被一股絕望淹沒。他曾經收購過一樣糟糕的公司。他也曾跟這些公司的員工共處過。但是不知如何，他從沒有看過那天的情況。他感觸良多，有個感想：「為何我們

不能像不工作的時候一樣與人相處？」

　　直到那天為止，查普曼一直是我們教導 MBA 學生要成為的那種主管。他精通數字管理，熱愛商業遊戲。他根據資料、市場條件與財務機會做出決策。在必須強硬時毫不客氣；但情勢所需時也可以施展魅力迷倒對方。他認為企業就要用試算表衡量。他把員工當成為了達成財務目標必須管理的眾多資產之一。身為這樣的主管，他向來非常成功。

　　在自助餐廳的那一刻之前，查普曼總是非常輕鬆就能做出困難的決定。查普曼在 1975 年父親過世之後接手一家位在聖路易市（St. Louis）、名字很難拼的公司，那家公司負債累累、瀕臨破產。在這麼險峻的處境下，他做了任何執行長都會做的事。為了達到財務目標，只要覺得有必要，他就資遣員工；為了得到銀行支持，他重新談判債務清償條件；而且為了達到任何野心勃勃的主管都想要的成長，他冒著很大的風險經營。結果公司慢慢從谷底爬升，開始獲利。

　　查普曼離開自助餐廳去開會。這應該是個初次見面問候的場合，只需要單純地行禮如儀。身為新上任的執行長，他原來要向客服團隊自我介紹，而他們則要讓新執行長快速進入狀況。但是，根據那天早上看到的狀況，查普曼明白，他跟他的團隊要把公司變成員工天天想去的地方。所以他打算塑造一個環境，讓大家感覺可以誠實地暢所欲言、自己的進步也會受到認可與褒揚。這就是查普曼所謂「真正人性化領

當人們必須解決來自組織內部的危險時，組織本身會愈來愈無法面對來自外界的危險。

導」的基礎。

真正人性化的領導能保護組織免於受制於會摧毀企業文化的內部角力。當大家必須保護自己免於受害時，整個組織也會受害。但是，當信任與合作在組織內部滋長，團隊成員就能攜手共進，組織也會變得更加強大。

人體系統的設計都是為了幫助生存與茁壯。數千年前，其他的原始物種滅亡，但我們卻存活下來……一代接一代地繁衍不息。即使跟其他物種相比，人類在地球的時間相對短暫，卻很快成為最成功且毫無對手的動物，我們做的決定都會影響到其他動物（甚至其他人類）生存或壯大的能力。

人類內在的保護機制可以保護我們免於危險，並鼓勵我們重覆做出對自己最有利的行為，這些機制也會對我們的生活與工作環境做出回應。如果我們察覺到危險，自衛機制就會升高。如果在同伴、部落或組織中感覺很安全，我們就會打開心防，對信任與合作採取更開放的態度。

一項針對高效能組織（也就是人們在工作時感到安全的組織）的研究透露出一件震驚的事。他們的文化跟人類天生的運作條件非常相似。在一個充滿敵意與競爭的世界裡，每個團隊都在尋找有限的資源；而協助讓我們這個物種生存壯

大的機制，同樣也能協助組織達到相同的目標。這裡面並沒有讓人驚嘆的管理理論，也跟雇用夢幻團隊無關。這不過是生物學與人類學的原理。如果組織能具備特定條件，讓內部員工覺得很安全，他們就會攜手合作，完成單獨一個人無法完成的任務，這樣的組織就能傲視群雄。

這就是查普曼在貝瑞威米勒的做法。說起來是個意外，但從生物學的角度來看，他創造出的工作環境與企業文化讓員工擁有最佳表現。像查普曼這樣的人並非一開始就先試圖改變員工；相反地，他們會先改變工作的環境。他們形塑出的企業文化之所以能激勵大家貢獻所能，僅僅是因為他們熱愛自己工作的地方。

這本書要幫助我們了解為什麼我們會這麼做。我們體內大部分的機制已經演進到能協助我們覓食、生存，並推動人類這個物種成長。然而對許多人來說，覓食與避免危險已經不是生活中必須擔憂的事，至少對已開發國家的人來說肯定不是。我們不再需要狩獵與採集，至少不是像山頂洞人那樣。在現代世界中，成功的定義是職場順利發展，並且試圖找到快樂與成就感。但是，指揮我們行為與決策的體內機制仍跟數萬年前一樣運作。我們原始的心智仍然認知到威脅我們幸福的周遭世界，或是能保護自己安全的機會。如果我們了解這些機制如何運作，就會更有能力達成目標。同時與我們並肩工作的團隊，成功與茁壯的機會也會更大。

　　然而現代世界就算已經發展出許多管理企業的模式，真正能激勵員工投入的組織仍舊少的可憐。多數企業與組織的文化其實都違反人類的天性。這表示快樂、受到激勵，以及有成就感的員工仍屬特例。根據德勤趨勢變化指數（Deloitte Shift Index）的資料，80％的人對工作不滿意。當人們不想上班時，企業的進步就得耗費更多成本與努力，而且往往無法持久。我們甚至不用數十年來衡量企業的成功，相反地，我們關注的只有連續幾季的成功。

　　關注失焦的商業環境把短期成果與金錢看得比人還重要，這影響整個社會。當大家辛苦掙扎在工作上追尋快樂或歸屬感時，不免會把這種情緒帶回家。幸運的人在人性化的組織工作，他們受到組織保護，不被視為是可被剝削的資源；當一天的工作結束時，大家會帶著強烈的成就感與感激回家。這應該是適用於所有人的法則，而非特例。能夠受到鼓勵，帶著安全感、成就感與感恩的心下班是每個人都應該享有的權利，而不該是少數幸運兒才能擁有的現代奢侈品。

　　查普曼沒有做「任何一件事」來改造組織。相反地，他透過一連串微小改變，隨著時間經過，強烈地影響公司的運作模式。就這樣積少成多，有些改變很成功，有些沒有，但他把力氣全都放在他直覺認為需要改變的地方。

　　直到數年之後，當查普曼參加一場婚禮時，他才有辦法用更清楚與人性化的詞彙來詳細說明這些決策的動機。查普

曼對企業經營充滿熱愛與執著，他解釋的原因可能會讓你大吃一驚。

▌ 雇用以後，就要像兒女一樣善待

　　坐在教堂的長凳上，查普曼跟妻子參加一場婚禮。新郎站在前頭，看著緩步走來的新娘。在場的人都能感受到他們散發出來的濃濃愛意。根據傳統禮俗，接下來新娘的爸爸會親手把寶貝女兒交給她未來的夫婿。

　　「就是這個！」查普曼恍然大悟。不惜一切保護女兒的父親，此刻慎重地將這份愛護她的責任交到另一個人手上。當他放開女兒的手之後，他會回到長凳上，並相信她的夫婿會跟他一樣地保護她。「這對企業來說一模一樣！」查普曼明白了。

　　每個員工都是某個人的兒子或女兒。父母辛勤地工作，好讓孩子可以享有安穩的生活，接受良好的教育，並教養他們長大成人，變得快樂、自信，並有機會發揮與生俱來的才能。然後，這些父母將小孩交給公司，希望公司的領導者能跟他們一樣，關愛與照顧他們的小孩。「現在，輪到我們公司對這些寶貴的人生負起責任。」像是個有著虔誠信念的牧師一樣，查普曼雙手握拳、堅定地這麼說。

　　這就是身為領導者的意義。就這是打造強大企業的意

每名員工都是某個人的兒子或女兒，企業領導者就像父母一樣，得對員工的寶貴生活負責。

義。假使領導者就像是父母，企業就好比是讓員工加入的新家庭。這個大家庭會照顧員工，就像父母無怨無悔地照顧子女一樣。如果企業在這方面做得很成功，員工就會把公司名字當成是他們效忠的家徽一般。貝瑞威米勒的員工談到公司與同事時，會用「愛」這個字。他們很驕傲地穿上印有公司商標或名字的衣服，彷彿那是自己的名字。他們會捍衛公司與同事，就像是自己的骨肉一般。在這樣的組織裡，員工會將公司名字當成是自己認同的象徵。

最諷刺的地方在於，當你我依照天性工作，有機會實現每項符合人性的義務時，採用資本主義反而成效更佳。領導人不僅得要求員工用他們的雙手工作，還要激起他們的合作精神、信任與忠誠，讓他們承諾投入完成公司的目標。領導人得把員工當成家人看待，而非僅是完成職責的路人而已。好的領導人寧可犧牲財務數字來挽救員工，而非犧牲員工來拯救財務數字。

當組織領導者創造出更符合人類天性的工作環境，並不會僅僅因為把人放在第一位而犧牲組織的卓越表現。相反地，這些組織往往是各產業中最穩定、創新，以及績效優良的企業。悲哀的是，許多公司領導者把員工當成追求財務數

字的工具。偉大組織的領導者不把員工視為一個可以幫忙賺錢的商品，而是把金錢當成管理員工的商品。這就是為什麼績效這麼重要。組織的績效更好，就有更多本錢打造更龐大與強大的組織，來滋養在組織內部工作的心靈與靈魂。這些員工也會投入自己的一切做為回報，好讓組織成長、成長、再成長。

將金錢放在員工之後，而不是把員工放在金錢之後，是創造員工團結合作、推動企業成長的基本文化。組織要擁有讓員工成長的能力，員工才能完成使命，創造出穩定、持續的績效。並不是因為最高層的天才給予方向，讓員工變得很棒；而是很棒的員工，讓最高層的人看起來像天才一樣。

別說我是個瘋狂的理想主義者，只會想像人們喜歡上班的世界。別說我是跟現實脫節的人，只會相信這世界上多數公司的領導者會信任員工，而且大多數員工會相信他們的領導者。如果現實中有這樣的組織，我就不是理想主義者。

從製造業到高科技業，從美國海軍陸戰隊到政府，都找得到員工們願意互信，而非互相視為對手、競爭者或反對者的組織，這些有名的典範都讓組織享受到正向的成果。我們已經面對外界太多危險，如果用增加內部威脅的方式來建設組織，一點價值也沒有。

只有20％的美國人「熱愛」工作。查普曼和許多像他一樣的人，呼籲我們加入他們的行列，要讓這個數字增加。

現在的問題是，我們是否有這樣的勇氣？

　　我們需要建立更多能優先考慮人性關懷的組織。身為領導者，保護員工是唯一的責任。反過來，員工也會互相照應，共同推動組織成長。身為員工或團隊成員，當領導者不照顧我們的時候，我們就要有勇氣承擔照顧彼此的責任。而這樣做之後，我們也會變成自己希望追隨的領導者。

3 打造安全圈，增加歸屬感

「從今天起，」他大聲說，「不要讓我聽到『我』、『我的』的詞，你們要把這些詞改成『我們』和『一起』。」

故事就從這裡開始。

喬治思緒混亂。當初決定加入海軍陸戰隊時信心滿滿。但現在加入後卻覺得是一生中最大的錯誤。不過這已經不重要，就算有著早該這樣做或應該這樣做的念頭，都會被面前這些大吼大叫的同袍打斷。之前的興奮感很快就被壓力重重、孤立無援的感覺取代。

在喬治之前，這樣的過程已經發生過上千次，之後還會發生無數次，年復一年的反覆出現。這就是把一個人改造成美國海軍陸戰隊隊員的訓練過程。

這個訓練從凌晨開始。一群疲倦又迷失方向的新兵抵達訓練營，臉色紅潤的值星官出來接待新兵，使勁扯著嗓子，他很快就讓這些新兵搞清楚誰是老大。

經過 13 週艱苦的訓練後，每個海軍陸戰隊隊員都會得到鑄有老鷹、地球與船錨的別針，象徵已經完成訓練，在組織裡擁有地位。許多人會把別針緊緊握在拳頭裡，感覺十分驕傲，眼淚不自禁地流了下來。當新兵來到訓練營時，每個人都感到侷促不安，孤立無援。當他們離開時，對自己的能

力信心十足，覺得對海軍陸戰隊同袍有承諾與責任，而且他們知道其他人也這樣想。

　　這種歸屬感、彼此分享的價值觀與深切的同理心，強烈提升彼此信任、合作與解決問題的能力。美國海軍陸戰隊之所以可以連連獲勝，是因為不需要擔憂隊員有可能會互相傷害。他們感覺自己的一舉一動都是在強大的安全圈裡進行。

▌企業的實力來自員工的團結

　　1 隻獅子習慣徘徊在 4 頭公牛停留的地方。獅子常試著攻擊公牛，但每次一靠近，公牛們就會轉身尾巴對尾巴。所以無論獅子怎麼靠近，總是會碰到其中一頭牛的角。不過，公牛最後起了內鬨，各自走到原野的角落自顧自地吃草。接著獅子發動攻勢，很快就把這 4 頭牛吃掉了。

《伊索寓言》，西元前 6 世紀

　　海軍陸戰隊的訓練不光只是跑步、跳躍、射擊和戰鬥。就像我們在簡歷上列出的技能一樣，這些能力可能是工作內容的一部分，不過這並不是海軍陸戰隊員卓越出眾之處。雖然海軍陸戰隊也需要學習這些技能，如同一般員工為了完成工作接受的訓練；但是，這些技能並不能創造團隊合作所需的信任。是這股團隊合作的精神，讓團隊的工作表現變得更

為傑出，這正是高績效團隊與眾不同的原因。一個有高表現的團隊，它的能力取決於成員在團隊裡多麼緊密配合，而這並不會憑空發生。

我們周遭的世界充滿危險，充滿著可能讓生活陷入愁雲慘霧的東西。這跟個人無關，這個世界就是這樣。在任何時間、任何地點，可能都會有某種力量不自覺的阻礙我們成功，甚至殺害我們。穴居時代真的就是如此。早期人類受到各式各樣的威脅，也許是因為缺少食物、碰到劍齒虎或惡劣的天氣，生命就是如此。就跟今天一樣，到處都充滿著威脅我們生存的事物。

當今的企業和組織面對的危險有真實有虛幻。股市漲跌影響公司績效；一個新科技可能立即推翻舊技術或整個商業模式；競爭對手即使沒有試圖讓我們退出市場，或是不想殺死我們，仍會阻撓我們成功、或是偷走我們的客戶。如果還嫌這些威脅不夠，還有達成預期結果的急迫性、能力的局限，以及其他外部壓力都會讓企業不斷面臨威脅。這些力量在每個時刻都會阻礙企業的成長與獲利。這些危險是常態，我們無法控制，它們永遠不會消失，而且也永遠不會改變，事情本來就是這樣。

組織內部也有危險的力量。跟外部力量不同，內部的威脅可以加以控制。我們面對的某些危險很真實，會造成立即影響；例如在表現不佳的一季或一年後出現的裁員。有些人

圖 3-1 安全圈

可能因為嘗試新業務讓公司賠錢，面臨到職務不保的威脅。辦公室政治也持續有威脅，像是擔心其他人因為想升官而打壓你。

我們應該儘量避免在組織內部出現恐嚇、羞辱、孤立、感覺愚蠢、無用與被拒絕等等壓力。不過，組織內部的危險可以被控制，領導者的目標應該是創造一種讓員工免於危害彼此的文化。要做到這一點，就是讓人們有歸屬感、提供一套明確的人性價值觀和信仰的強勢組織文化、讓人們有做決定的權力、提供信任和同理心，以及創建一個安全圈。（見圖 3-1）

透過組織內部的同事建立安全圈，領導者可以減少員工

在內部感受到的威脅，員工就可以把更多時間和精力專注在保護組織免於受到外界不斷而來的威脅，並掌握大好機會。如果少了安全圈，員工將被迫耗費太多時間和精力來保護自己免於受到其他人傷害。

同伴與周遭的人會決定我們投注精力的地方。愈是相信身旁的人會支持我們，就愈有辦法面對來自外部的持續威脅。只有當我們覺得自己身處安全圈裡，才能共同攜手成為一個團隊，無論外界的條件是什麼，都能生存與茁壯。

斯巴達人是古希臘世界的勇士，他們的力量、勇氣和耐力令人懼怕和崇敬。然而斯巴達軍隊的力量並非來自銳利的矛，而是來自盾牌。在戰鬥中失去盾牌會被斯巴達人視為最嚴重的罪行。「斯巴達人可以原諒在戰鬥中失去頭盔或護胸甲的勇士，」史蒂芬·普萊斯菲爾德（Steven Pressfield）在描述溫泉關戰役（Battle of Thermopylae）中寫道，「但他們會懲罰丟棄盾牌的軍人，剝奪他的公民權。」原因很簡單，「一個戰士攜帶頭盔及護胸甲是為了保護自己，但他的盾牌是為了保護整排軍隊的安全。」

同樣地，一家企業的實力和永續並非來自產品或服務，而是來自團結在一起的員工。為了維護安全圈，每個團隊成員都有各自的角色，領導者的角色就是確保員工能各司其職，領導者的主要工作就是照顧安全圈中的成員。

身為把關者，領導者得確立進入標準。也就是說，誰可

讓一個人加入組織，就像領養一個小孩一樣。

以進入這個圈子，誰應該被拒於門外；誰屬於這個組織，誰不適合。這些人會進來，是因為他們的大學成績、工作經歷，以及性格適合公司的文化嗎？讓一個人加入組織，就像領養一個小孩、歡迎他們成為家人一樣。就像其他身在這個大家庭裡的人一樣，新人也必須共同承擔照顧家庭與其他家人的責任。如果一個領導者制訂的入門條件是根據一組明確的人性價值觀，就會顯著影響部屬的歸屬感，以及團結一致為團隊犧牲貢獻的意願。

領導者還肩負擴大安全圈的責任。當一個組織很小時，他們更容易受到外界的侵害。但管理這樣的安全圈也很容易。小型企業往往是由一群彼此認識、相互信任的朋友組成，這時並不需要什麼官僚體制就能保護在安全圈內部的人免於內部危險。但是當組織成長時，上層領導者就必須信任各級的管理人員會照料部屬。然而當內部人的做事目標主要是為了保護自己，組織進步的速度就會放緩，整個組織就會變得更容易受到外來威脅和外界壓力的影響。只有當安全圈能廣納組織裡的每個人、而不只是少數人或 1、2 個部門時，才能充分落實安全圈所帶來的益處。

軟弱的領導者只會將安全圈的好處擴展到同儕的資深主管與少數選定的人。他們彼此照應，但在他們「小圈圈」之

外的人除外。當我們缺少領導者的保護時，在「小圈圈」之外的每個人被迫單打獨鬥，或是組成小團體來保護並促進自己的利益。當大家都這麼做時，就會開始產生派系，進行政治角力。錯誤不會被揭露，而是被掩蓋，資訊傳播速度變慢，惶惶不安很快就會取代合作與安全感。

相反地，強大的領導者會擴大安全圈的範圍，納入每個為組織工作的人。人人不需要自我防衛，組織裡也很難產生小團體。因為進入安全圈有明確標準，加上各級能幹的主管把安全圈擴展，組織就會變得更強大、更好。

我們很容易知道自己身處在安全圈中，因為我們可以感覺到。我們感覺受到同事重視與主管照顧。我們有絕對的信心相信組織的領導團隊以及共事的所有同事都會支持自己，並盡其所能地伸出援手。我們成為團隊的一員，我們覺得自己屬於這裡。當我們相信團隊裡的人，也就是在安全圈裡的人會照料我們，就會創造出資訊可以自由交流與有效溝通的環境。這是推動創新、防止問題惡化，並讓企業更有能力防衛來自外界的危險、掌握機會的基本法則。

當我們缺少安全圈的時候，偏執狂、犬儒主義與追求自我利益等不良行徑就會出現。維護安全圈的目的，就是讓大家把所有時間和精力投注在抵禦外來危險。這跟我們晚上鎖上大門的道理一樣。在組織內部有安全感，不僅讓人放心，也會明顯為組織帶來正面影響。當安全圈很強大、歸屬感無

處不在時，合作、信任和創新便會開花結果。

這是很重要的一點。我們不能命令部屬信任我們，我們不能指示部屬提出偉大的點子，我們當然更無法開口要求成員要團結一致。這些都是最後產生的結果，都是同事間感覺有安全感、彼此信任所產生的結果。當安全圈很強大的時候，團隊成員之間自然會交換想法、分享情報，也會分享彼此肩負的壓力。我們擁有的個別技巧和力量都會被加倍放大，讓組織變得更有競爭力面對外界世界的危險，並更有效地大幅推動組織利益。

相對的，領導者也想要安全感。無論在組織中處於什麼位置，每個人都希望在團隊裡受到重視。如果偶而工作表現不佳，我們會希望老闆不是朝著自己狂吼，而是詢問：「你沒事吧？」同樣地，身為安全圈中的一分子，我們對領導者也有責任，這就是主管覺得員工很寶貴的原因，員工並不是個數字，所以當主管對員工嚴厲指責、但員工卻不明白的時候，表達對員工的關切也同樣是主管的責任。這就是讓安全圈維持強大的方法。

不論是不是領導者，你都必須自問，在工作的地方，你覺得很有安全感嗎？

4 熱愛工作，家庭更幸福

　　肯是某個大型跨國銀行的中階主管。雖然沒有像公司的分析師和交易員那麼有錢，但生活還算不錯。他與妻子和 2 個孩子住在郊區，從外表來看應該很幸福。而且，在大多數情況下，他確實很好。他不會說他熱愛工作，通常他會用「還可以」來表達對工作的看法。他樂於想像離職做其他工作的情況，但考慮到還要養小孩和付房貸，實現這個想法可能太晚了。現在他必須當個負責任的丈夫和父親。如果這意味著他無法熱愛工作，這也是他願意付出的代價。

　　熱愛工作的想法實在不可思議。在工作上有安全感，替一家真的會在乎我們對自己與工作感受的公司是多麼驚人的想法。有多少企業領導者努力讓員工來上班時有安全感？可悲的是，我們很不願意承認這個數字實在很低。工作，嗯，不就是工作嘛！

　　在討論工作應該有多好的書中總是有這份理想的描述，但現實情況是，即使像貝瑞威米勒公司的故事讓我們有所啟發，大多數的人並沒有辦法改變什麼。我們要付帳單、要養孩子、要還就學貸款。我們要負擔的東西實在太多。而外面的世界充滿未知，十分危險，因此我們留在原地不動。

　　同樣地，經營一家可以讓所有員工有安全感、會互相照

顧的公司聽起來也很不錯。多數領導者都能理解以員工幸福優先的重要和價值。這是許多書籍與《哈佛商業評論》（*Harvard Business Review*）這類雜誌的文章探討的主題。我們全都在寫這個主題，就好像沒人知道一樣。但是在現實上，不管是大企業、小企業、民營企業或公家機關，領導者幾乎不可能做到這樣的事。來自華爾街、公司董事會，以及競爭對手的壓力非常強烈。對一家小企業來說，光是找到足夠客戶好讓公司繼續經營就已經夠難了。更重要的是，這樣做的代價昂貴，難以衡量，似乎又會讓人覺得太「軟弱」或「放任」。對試圖達到年度目標或只是要活下來的組織來說，根本無法把堅持以人為本的理念列入優先名單，這可以理解。來自外部的威脅實在太嚴重，以致於領導者沒空擔心內部員工的感受。

　　儘管打造像貝瑞威米勒這樣的公司聽起來很棒，但現實上就是沒有這樣的公司。然而如果沒有這樣的公司，我們就更難找到真正關心我們的公司。所以我們告訴自己，就做我們該做的吧！攪亂一池春水或冒著非必要風險的意義何在？我們有可能會淪落到更糟糕的地方，或得做更多事，風險真的很高，所以為什麼要改變？可是我們這個決定也要付出代價。

　　為了讓孩子幸福、家庭收支平衡，或享受某種生活習慣，我們有時得付出代價，犧牲工作上的快樂、幸福與成就

感。現實就是如此。許多人覺得這還好，所以我們說服自己，外界那些未知的東西永遠都是危險的（事實也確實如此）。在公司內部至少有種得到安全感的希望，一個希望……。

但是現實中還有更多的東西我們大多數人不知道。我們為了生活穩定而付出的代價可能遠遠比追求幸福還高，甚至還會賠上健康。

首先，很多人現在擁有的安全感其實只是自己告訴自己的謊言。許多公司可以輕易裁員來降低支出，達成年度財測目標。這意味著我們比以前更不安全，而且絕對比我們自以為的安全還低。如果在一個看績效給福利的企業，我們可以告訴自己，只要努力工作而且表現優秀，就可以安全保住工作。但實際狀況幾乎不是這樣。在大多數的情況，特別是在較大的組織中，這是個算術問題。有時候，公司就認為我們不符成本，而解雇我們。許多公司每年都會重新評估，這意味著每年我們都會面臨風險。

但工作穩定的神話可能是我們最不用擔心的事。澳洲坎培拉大學（University of Canberra）的社會學家在 2011 年進行一項研究，發現做厭惡的工作跟沒有工作一樣會有害健康，有時健康狀況還會更糟糕。工作不快樂的人，憂鬱與焦慮的程度跟失業者一樣，甚至比失業者更高。

工作壓力和焦慮跟工作的內容比較沒有關係，反而與糟

糕的管理和領導更有關。當我們知道公司有人關心我們的感受，我們受到的壓力就會降低。但是當我們感覺有人只顧自己，或是公司領導者更關心數字，較不關心我們，壓力和焦慮就會增加。這就是為什麼有人想換工作的根本原因。一個領導者無法讓部屬覺得有歸屬感，或是在金錢與福利之外沒有任何理由留下來的公司，員工不會對公司忠誠。

倫敦大學學院（University College London）同年進行的另一項研究也發現，覺得自己在工作上的努力沒有得到認可的人，更有可能受到心臟病所苦。深究原因，他們臆測，「很大原因跟控制感（或缺乏控制感）有關，」里茲大學（University of Leeds）健康心理學教授達爾‧歐康納（Daryl O'Connor）說，「如果你覺得已經付出很多努力，卻沒有得到回報，這會增加壓力，進而提高罹患心臟病的風險。」而且這也對企業不利。

根據蓋洛普民調公司在 2013 年的「美國職場現狀」調查，當老闆完全忽視員工時，40％的人會主動與工作劃清界限。如果老闆經常批評員工，有 22％的人會主動劃清界限。這意味就算我們被批評，我們還是會有比較高的工作投入，因為我們感覺到至少有人承認我們的存在！如果老闆知道我們的一個優點，而且鼓勵我們做自己擅長的事，那只有1％的人會主動跟工作劃清界限。另外還有一個現象，上班不快樂的人雖然還是會做事，但不管他有多積極還是多被

動，他們也會把周圍的人搞得不開心。在這樣的情況下，如果還有誰能把工作做好才讓人驚訝。

▌壓力愈大，愈沒有安全感

　　直覺告訴我們，爬得愈高，受到的壓力愈大，也愈沒有安全感。想想那種緊張兮兮的典型大老闆，他們面對股東、員工與公司大客戶的無情壓力，如果不到 50 歲突然因心臟病去世一點也不意外。這種情況甚至有個名字：主管壓力症候群。所以也許當個中階主管辛苦工作、甚至在收發室工作並沒那麼糟，至少健康不會受到影響，至少我們這麼以為。

　　幾十年前，英國科學家開始研究員工的職階與承受的壓力之間的關係。這大概是為了協助主管處理可能傷害健康和生命的壓力，這個稱為「白廳」研究（Whitehall Studies）的長期調查結論令人訝異，也引人深思。研究人員發現，員工的壓力並不是因為要負擔更多的責任，壓力往往跟職階有關。並不是工作要求造成的壓力最大，壓力是與員工感覺到的控制權多寡有關。這份研究還發現，為工作付出的勞力並不會有壓力，付出的勞力與報酬間的不平衡才會感受到壓力。簡單地說：控制權愈少，壓力就愈大。

　　2012 年，哈佛大學和史丹福大學的研究人員進行一項類似的研究，調查哈佛 EMBA 學生面對的壓力程度。在這

項研究中，研究人員檢視參與研究者的皮質醇（cortisol）濃度。皮質醇是人類面臨壓力時體內分泌的荷爾蒙。研究人員把結果跟沒有成為公司最高層主管的員工比較，研究顯示，領導者比部屬承受的壓力小。

「換句話說，雖然隨著職務愈高要承擔更大的責任，但很有可能更能掌控人生。」史丹福新聞服務中心的邁克斯·麥克盧爾（Max McClure）在宣布研究結果時寫道。

當你考慮到工作壓力與健康之間的關係時，白廳研究的結果顯得更特殊。在組織中的職級愈低，出現跟壓力有關的健康風險反而愈高。換句話說，那些看似身心俱疲的高層主管，事實上反而比下面的職員和經理活得更久、生活更健康。倫敦大學學院公共衛生研究人員在 2004 年進行的研究報告指出：「在職場上爬得愈高，活得會比低階的人更久。」這兩群人的差異並不小，最低階工人早逝的機率是高階主管的 4 倍。工作控制權與各種心理疾病的發生率有關。

然而不只有人類會這樣，在群體生活的靈長類動物上也發現，處在愈低階，愈容易染上傳染病、生病的機率較高，體內跟壓力有關的荷爾蒙濃度也較高。但是，這不是處在公司哪個位置的問題。首先，我們的進化讓我們適應階層組織，我們並無法擺脫組織。更重要的是，階層組織並不是解決之道。賺更多錢或努力升官並不是減輕壓力的好方法。這項研究其實與我們在工作與生活的掌控有關。

　　這意味把這個結論反過來看也是對的。一個支持員工且管理良好的工作環境有利健康，覺得自己有權下決定的人壓力較小。而只是服從命令、永遠被要求遵守規則的人最痛苦。我們的掌控程度、壓力與發揮最佳表現的能力都跟我們在組織中感受到的安全感多寡直接相關。

　　白廳研究並不新穎，它們的研究結果一再獲得證實。然而，即使有這麼多的資料佐證，我們仍然毫無反應。即使知道工作缺乏安全感會損害表現與健康，甚至會害死我們，我們仍留在討厭的工作。為了某些原因，我們說服自己外界未知的危險比起工作帶來的危險更加駭人。所以我們自我調適，忍耐不舒服的工作環境，儘管這個環境讓我們感覺不好，無法激發出最佳表現。我們都在某個時間點合理化自己的立場、或自己的地位，繼續做著過去一直在做的事。

　　人力資源諮詢公司美世（Mercer LLC）的報告指出，2010 年第 4 季和 2011 年第 1 季有 1/3 的上班族認真考慮離職。這個數字跟 5 年前相比增加 23％。問題是，實際上僅有不到 1.5％的上班族自願離職。這是惡劣工作環境中的一個問題。也許是「認識的惡魔比陌生的惡魔來得好」，也許是別的原因，但人們似乎總是陷在不健康的工作環境中。

　　1/3 上班族想要離職告訴我們兩件事。第一，這表示想換工作的人多到嚇人；第二，除了離職，他們看不到其他可以改善工作感受的選項。但我們其實可以留下來。

這不是說我們可以毫無作為。我們仍然要改變做事的方式。我們要把焦點從自己身上移開，更關注身旁的人。就像斯巴達勇士一樣，我們必須學到我們的力量並非來自銳利的長矛，而是來自我們願意用盾牌來保護其他人的意願。

有人說就業市場疲軟或經濟蕭條是他們留在現在工作的原因。在這種情況下，企業領導者在時機艱困時應該要對員工更好，避免景氣好轉時讓人才大幅流失。當景氣繁榮時，企業領導者也應該要好好對待員工，讓他們願意不惜一切在艱難時期再度降臨時（這很有可能發生）幫助公司因應危機。最好的企業幾乎總能安然度過艱困時刻，這是因為員工會團結確保公司度過難關。換句話說，從嚴格的商業角度來看，不論經濟狀況如何，好好對待員工都會有更好的效益。

太多領導者在管理組織上耗費不少成本，不但賠上績效，還折損員工的健康。如果這還不足以說服我們必須做出改變，那麼也許可以用我們對孩子的愛來說服自己。

波士頓學院（Boston College）社工研究所的一項研究發現，小孩的幸福感比較會受到父母回家後的心情影響，而非父母工作的時間長度影響。對小孩來說，有著熱愛自己的工作、工作到深夜的父母，比起工作時數短、但回到家很不開心的父母還好，這就是工作對家庭的影響。工作到很晚並不會對孩子造成負面影響，反而是我們在工作中的感受會有影響。家長可能會感到內疚，孩子可能會想念爸媽，但深夜

在辦公室加班或經常出差不是問題。相反地，如果你不喜歡你的工作，為了孩子，請不要回家。

那麼，不要求領導者關心我們的幸福需要付出什麼代價？如同我們所說，唯有不接受悲慘的工作環境，才能顧及孩子的幸福。如果忍受這種條件，我們反而可能會傷害孩子。把「挽救數字比保住員工更重要」視為可行做法的企業領導者應該想想這樣做的連鎖反應。

只有一個方法可以解決這個問題：在我們工作的地方建立安全圈，並好好維護。指責員工無法解決問題，團結地推動事情才是解決之道。好消息是，有強大的力量可以幫助我們。如果我們能學會駕馭這些看似超自然的力量，我們就能改正錯誤，這絕不是在肥皂箱上漫無邊際地大發厥詞，這只是生物學而已。

PART II

天生的力量

5 我們是社會動物

　　說這裡簡陋還嫌保守，根本沒有人想待在這裡。這裡危機四伏，冬天沒有暖氣設備，夏天當然也沒有冷氣。這裡沒有超市，大家只能採集或獵取可以找到的食物。在這樣的條件下，生存真的是不得不思考的問題。每一天、每一刻都有可能出現傷人的東西。這裡的人甚至沒空擔心教育或找工作的問題。沒有教室，沒有醫院，這樣當然也沒有相關的工作。什麼都沒有。這裡也沒有企業，甚至還沒有任何國家。這不是像《衝鋒飛車隊》（*Mad Max*）中世界末日般的電影場景。這裡是 5 萬年前智人（Homo sapiens）踏上世界的開始，這是我們的起源。

　　我們的祖先出生赤貧，機會不會因為他們上哪所學校或父母認識誰而有所不同。機會都是靠意志力跟辛勤工作創造出來，而他們確實也創造出這些機會。我們這個物種得想辦法在高危險和資源不足的條件下掙扎求生。

　　生活在舊石器時代與颱風肆虐後的環境不同。這可不是資源缺乏的問題。我們的祖先並非想像中的典型山頂洞人。他們沒有粗大的眉毛，沒有彎腰背著棍子走動。他們看起來就跟今日的我們一樣，同樣精明能幹。他們唯一沒有的只是現代世界擁有的進步和優勢。除此之外都跟你我一樣。

幾乎所有人類的本能都是為了生存，在艱難時刻持續繁衍。我們的生理特性和合作的需求都是深植在腦中的生存模式。當面臨危險時，我們會一起展現出最佳能力。不幸的是，許多企業領導者相信，在面對外部挑戰時，激勵員工最好的方式是在內部創造急迫感和壓力。然而從生物學和人類學來看，這種想法實在偏離事實。

當我們感覺自己屬於某個團隊，並信任與我們共事的人，我們自然會彼此合作，面對外界的挑戰和威脅。然而當我們沒有歸屬感時，我們不得不花時間與精力去保護自己不受傷害。而這麼做也在無意中使自己變得更脆弱，更容易被外界的威脅和挑戰影響。再加上當我們的注意力朝向內部時，也會錯失外面的機會。當我們覺得跟同事相處很安全的時候，就愈有可能讓企業生存茁壯，就是這麼回事。

▎合作是天性

智人讓我們在一出生時就適應在嚴峻的環境生長，這個特質讓我們比其他人種更強大。我們擁有大腦新皮層（neocortex），也就是構造複雜、會解決問題的大腦。大腦也讓我們有能力進行複雜的溝通。與其他會溝通的動物不同，我們能使用語法和文法。但我們存活下來的另一個重要原因得歸功於有著合作的能力。我們是個高度社會化的物

種，生存和繁榮發展都依賴其他人的幫助。

我們攜手合作、幫助和保護其他人，而且事實上我們做得很好，所以人類不只活了下來，還繁榮茁壯。大象也活了下來，但今天大象的壽命還是和數百萬年前一樣。但我們不同，我們的壽命與 5 萬年前完全不同。雖然人類不斷為了適應環境而進化，不過因為我們擅長合作解決問題，所以也找到形塑環境來適合自己。只要我們表現得更好，就更有辦法改變環境條件來配合自己的需求，而不是被迫改變自己來適應環境。問題是，我們的基因編碼並沒有改變。我們是一群老派的人，生活在一個資源豐富的現代化世界。這是顯著的優勢，但就跟所有事情一樣，這也有代價。

▌合作讓我們活下去

生活在 150 人以下的團隊中，我們彼此認識，相信團隊成員都能理解幫助團隊也是為了自己好。男人一起狩獵，大家一起撫養小孩、照顧病人和老人。

當然也會發生衝突，就像任何團隊一樣。但是碰到外界威脅時，他們會把不同意見放在一邊，一同禦敵。正如我們可能與兄弟姐妹有嚴重意見分歧，但如果有人威脅他們，我們還是會保護他們。我們永遠會保護自己人，不這樣做就違背身為人的意義，而且最後會損害團隊的生存和茁壯能力。

這就是為何叛國罪的懲罰和謀殺一樣，因為生存能力很重要，我們很嚴肅看待信任。我們的成功證明這一點。合作與互助比競爭和粗魯的個人主義更有用。當我們被迫對抗艱困的自然環境、有限資源或其他外部威脅時，為什麼還要透過相互鬥爭來增加困擾呢？

這種合作式的鄉村生活從亞馬遜雨林到非洲的遼闊草原都可以看到。換句話說，並不是環境決定我們的生存與成功，其實這是我們的生物本能，人類的天生設計。不論我們來自哪裡、或遇到什麼特別艱辛的挑戰，我們的演進方法，就是互相幫助。地球上的每個人，不論文化背景，都有傾向合作的天性。

我們是社會動物，不論在數千年前或今天，社交都很重要。我們建立信任、維護信任，這對生存非常重要。我們不工作的時候會花時間認識其他人，這是形成信任關係的一個方法。同樣的道理，家庭聚餐與活動是非常重要的事。開會、公司野餐，以及花時間在飲水機旁和同事聊天也同樣重要。我們彼此愈熟悉，我們的關係就愈緊密。社交對組織的領導者也很重要，在公司大廳閒逛，在會議外與員工互動真的很重要。

或許大學宿舍是現代社會中最類似人類早期血緣社會的例子。學生雖然有自己的房間（通常有室友），但房門往往開著，因為學生會穿梭在不同房間交往互動。走廊成為社會

生活的中心，房間只為了念書和睡覺（有時甚至沒有這種功能）。在宿舍中形成的友誼十分重要，這裡往往是大學生培養親密友誼的地點。

人類之所以成功，不是靠運氣，而是努力掙來的。我們拚命努力達到今天的地位，這是我們一起完成的。從天性與生物學的角度來看，我們是社會機器。當我們互相幫助時，我們的身體會獎勵我們的努力，因此我們會繼續做下去。

▋ 幸福的感受

由於進化過程的反覆測試，我們的生理特性都有原因。大自然賦予我們高度敏銳的味蕾，我們的味蕾會告訴消化系統釋放最適合消化肚裡食物的酶素，就像嗅覺可以幫助我們檢查食品是否壞掉。同樣地，我們的眉毛可以在我們朝獵物奔跑，或逃跑時把汗水導離眼睛。我們身體每個部位的設計都有一個目標，就是幫助我們生存。這包括對幸福的感受。

正如每個父母、老師或主管都知道，如果他們祭出獎勵，例如糖果、金色星星或績效獎金，或是威脅懲罰，就可以讓小孩、學生和部屬去做他們期望的行為。他們知道我們會集中注意力去執行可以得到獎勵的任務。孩子不知道自己的行為已經被制約，不過身為成年人，我們完全知道公司提供獎勵的用意。我們知道，只有達到主管想要的結果，我們

才能賺到獎金。在大多數情況下，這種做法都能奏效。事實上，效果真的很好。

然而，大自然很久之前就比老闆們更早知道可以利用獎勵機制來影響我們去做特定的事，來創造出期望的結果。在生物學上，我們的身體採行一套由正負面情感組成的系統（例如幸福、驕傲、喜悅或焦慮的感受），督促我們去做可以完成任務的行為。老闆可能會用年終獎金來獎勵我們，我們的身體則會發出讓我們感覺很好的化學物質，來獎勵我們為了讓自己和身邊的人存活並彼此照顧的行為。經過數千年後，現在我們還是徹底依賴著這種化學物質。

我們體內主要有 4 種化學物質可以形成我稱為「快樂」的正面情緒，包括腦內啡（endorphins）、多巴胺（dopamine）、血清素（serotonin），以及催產素（oxytocin）。我們感到的快樂或喜悅很可能就是因為其中一個化學物質正在我們的血管內流竄，無論它們是單獨還是一起釋放出來，也不論釋放的量有多少。它們的存在不只是讓我們感覺舒服，還為了一個非常實際的目標，就是讓我們存活下來。

▌我們是團隊的一份子

人類所有時間都是以個人跟團隊成員的身分存在。我，除了是人，也是團隊成員……永遠如此。這也導致一些內在

利益的衝突。當我們做決定時，必須權衡帶給自己的好處，以及帶給團隊的利益。很多時候不見得可以對兩方都好，只為了增加個人利益而工作可能會傷害團隊，而只為了增加團隊利益而工作可能會犧牲個人利益。

做這種決定真是掙扎，我們甚至會從個人與團隊成員的角度來考量哪個優先。有人認為，我們應該永遠把其他人放在第一位，如果我們不愛護團隊，團隊也不會照顧我們；有人則認為我們應該把自己放在第一位，如果不先照顧好自己，我們對其他人也沒有用處。事實上這兩種論點都沒錯。

即使在我們的身體裡也存在這兩種利益衝突。在體內的4種主要化學物質中，2種幫助我們覓食與完成工作，其他2種則幫助我們社交和合作。前2種化學物質（腦內啡和多巴胺）讓我們做好必須以個人身分做的事；包括堅忍、覓食、建立庇護、發明工具、持續進步，以及完成工作等。我稱為「自私」的化學物質；另外2種（血清素和催產素）則激勵我們合作，建立信任感和忠誠度。我稱為「無私」的化學物質。它們會幫助我們強化社會關係，使我們更有機會共同努力，攜手合作，最後生存下來，確保後代生生不息。

6 製造快樂的化學物質

　　肚子餓的時候最好別去逛超市，因為我們總會買下一大堆不必要的東西。之所以會買太多，是因為看到東西就想吃，顯然是因為我們餓了。但有個有趣的問題，我們不餓的時候為什麼還要去超市？

　　舊石器時代的祖先生活在資源稀少、難以取得的時代。每次覺得餓的時候得花幾個小時打獵，而且還不保證會抓到東西。如果人類這樣發展下去，當然不會活得很好。所以為了讓我們重複進行對自己最有利的行為，我們的身體發展出一個方法，鼓勵我們定期狩獵與採集食物，而不是等到快餓死時才行動。

　　腦內啡和多巴胺這兩種化學物質會驅動我們狩獵、採集食物與達成目標。它們會讓我們在找到東西、打造需要的東西，或實現目標的時候感覺很愉悅。所以它們是推動進步的化學物質。

▎腦內啡：增加愉悅感

　　腦內啡只有一個目的：掩蓋肉體的痛苦。你可以把腦內啡想成是人類自製的鴉片，通常是為了回應壓力或恐懼才被

釋放出來，它會以愉悅的感覺來掩蓋肉體痛苦。所謂「跑者的愉悅感」（the runner's high）是指許多運動員在激烈運動過程中或結束後體驗到的快樂。事實上這是因為腦內啡在血管流竄的結果，而這正是跑者和耐力運動員持續挑戰體能極限的一個原因，因為這會讓他們感到真正的愉悅。他們熱愛這個感覺，而且有時甚至渴望從激烈運動中獲得愉悅。然而從生物學上來看，腦內啡的存在跟運動無關，而是與生存有關。

自我感覺良好的化學作用在山頂洞人身上有著更務實的目的。因為腦內啡，人體的肉體忍耐度相當驚人。除了馬拉松跑者，我們多數人無法想像定期跑上千里是什麼感覺。但是這種物質正是我們舊石器時代祖先的優勢。他們能長距離跟蹤獵物，然後還有體力抬獵物回家。如果這些可靠的獵人僅因為體力耗盡而放棄獵物，他們跟部落的族人就無法經常有東西吃，最後就會死亡。因此，大自然巧妙地設計一個鼓勵人類繼續前進的獎勵，對腦內啡一點點的狂熱。

事實上我們可以培養對腦內啡的渴求，這就是為什麼有運動習慣的人有時會想去跑步或上健身房，幫助自己放鬆，尤其在一天緊張的工作之後。我們的祖先想去狩獵和採集食物可能不光是因為知道必須這樣做，還因為這樣做讓他們感覺愉悅。同樣地，在覓食或從事蓋房子這種辛苦工作時能感覺愉悅，我們才更有可能去做這些事。不過我們現在生活在

資源豐富易得的世界，身體不再對覓食獎勵，至少不會因此釋放出腦內啡。在現代社會中，我們得從運動或耗體力的工作來得到腦內啡。不過有個值得一提的例外。

政治諷刺作家、電視節目《荷伯報告》(*The Colbert Report*) 主持人史蒂芬‧荷伯（Stephen Colbert）接受採訪時提到緊張時刻開懷大笑的重要，他說：「你不能同時又笑又怕。」這是對的。笑會釋放出腦內啡，因為笑會震撼我們的身體器官，所以體內會釋放腦內啡來掩蓋造成的痛苦。我們喜歡笑的原因跟跑者喜歡跑步一樣，因為感覺愉悅。但是我們也有過因為笑得太厲害希望快點停止的經驗，因為身體已經開始受傷。就像跑者一樣，傷害其實早就開始，但因為腦內啡讓我們晚點才察覺。我們得到的愉悅感在停止大笑後仍持續發酵，正如同荷伯所說，很難在同個時間感到害怕。在緊張時刻，一點點的輕鬆愉快也許可以幫助身邊的人放鬆，減緩緊張氣氛，使我們專注地把工作做完。例如，1981年3月30日，美國總統雷根（Ronald Reagan）被約翰‧欣克利（John Hinckley Jr.）開槍射傷後，坐在輪椅上被推進喬治華盛頓大學醫院（George Washington University Hospital）手術室時，跟負責開刀的主治醫師說了一個著名的玩笑話，減緩緊張情緒，他說：「我希望你們全都是共和黨人。」而自稱是民主黨人的外科醫生回答：「總統先生，今天我們都是共和黨人。」

▍多巴胺：創造成就感

　　在找到想要的東西或是完成該做的事情時，多巴胺會讓我們感覺愉快。它讓我們在結束一項重要任務、完成一個計劃，或甚至在實現遠大目標中間的某個里程碑時感到滿足。我們都知道完成待辦事項清單上的工作感覺有多棒。我們會感覺進步與成就，主要是因為多巴胺。

　　在農業或超市出現之前，人類花很大一部分的時間在尋找下一餐的食物。如果我們不能持續專注地完成狩獵和採集食物等基本工作，我們的生命也不會持續太久。所以大自然巧妙設計一個方法，幫助我們專注在手頭上的任務。我們得到多巴胺的一個方法是進食，這是我們喜歡它的一個原因。所以人類會試圖重複去讓自己得到食物。

　　正是多巴胺讓人類變成偏好進步的目標導向生物。當我們被交辦一項任務、或是達到某個指標時，只要我們能看到目標，在腦海中清楚想像成果，體內就會多分泌一點多巴胺，刺激我們達成目標。例如，在舊石器時代如果有人看到長滿果實的樹，體內就會釋放多巴胺，激勵他專注執行任務，取得食物。當這個人愈接近果樹，會看到果樹變得更大一點，目標愈來愈近。伴隨著每一個進步的訊號，人體會再分泌一些多巴胺，讓他繼續往前走。接著再分泌一些、再一些，直到達成目標，又分泌大量多巴胺。找到了！耶！

　　就像現在的我們一樣，當我們逐漸接近目標時，指標會告訴我們目前的進展，我們會感受到多巴胺的激勵效果，鼓勵我們不斷前進。直到最後達成目標時，身體會分泌大量的多巴胺，這正是我們辛勤工作得到的生理獎勵。我們達成的每個里程碑都是一個指標，一個讓我們看到果樹愈來愈近的方法。就像馬拉松選手往終點跑去時看到完成距離的標示一樣，我們的身體會用多巴胺獎勵自己持續下去，更努力工作來獲得大量的多巴胺，最後感受到衝過終點線的強烈成就感。顯然，目標愈遠大，投入的精力就要愈多，但相對就能獲得更多的多巴胺。這就是為什麼完成困難任務的感覺真的很棒，然而，完成簡單的工作就算會提供多巴胺，也只有一點點而已。換句話說，投入大量精力去完成某件事情會讓我們感覺愉悅。沒有一個生理誘因要我們無所事事。

▌腦內啡和多巴胺，確保人類生存

　　人類是視覺動物。比起其他感官，我們似乎更相信眼睛。當我們在晚上聽到碰撞聲時，我們總會想看看有無異狀，才能鬆口氣回去睡覺。當我們認識的人許下諾言或宣稱完成某件事，我們也想要「眼見為憑」。

　　這就是我們常被告誡要寫下目標的原因。據說，「如果你不把目標寫下來，你就不會把目標完成。」這句話有些道

理。就像看到遠方的果樹一樣，如果我們能具體看到鎖定的目標，或者可以想像達成目標的場景，我們就更有可能實現目標，這全都要歸功於多巴胺。

這也是我們希望有明確目標的原因，像是達成目標後可以拿到多少獎金，而不是只給一些抽象的指令。只要創造「更多」業績就有績效獎金這種說法並沒有什麼誘因，對業績也沒什麼幫助。「更多」是多少？主管必須提供可以聚焦的具體目標，可以讓員工衡量進步的指標，員工才有可能完成目標。這就是為何記帳與精打細算的人更可能存到錢。儲蓄不是一種心理狀態，而是必須達成的目標。

這也是企業願景必須可以在腦海中浮現清晰影像的原因。之所以稱為「願景」，是因為我們必須能「看到」它。「成為產業中最受尊敬的公司」這種願景是沒用的。要被誰尊敬？客戶？股東？員工？執行長的父母？如果我們無法適時衡量朝願景邁進的進步程度，那麼我們該如何知道已經達到顯著的進步？如果我們想鼓勵員工努力實現願景，那從生物學的角度來看，像是「最大」、「最佳」，或者其他在願景中常見的形容詞其實是沒有用的。

相反地，一份好的願景聲明能以明確詞彙說明，如果我們做得非常成功，這個世界會變成什麼樣子。馬丁・路德・金恩博士（Dr. Martin Luther King Jr.）告訴我們，他有個夢。有一天，「黑人小男孩和小女孩，將與白人小男孩和小

女孩像兄弟姊妹般手牽著手。」我們可以想像這個情景，我們可以看到那是什麼樣子。如果我們覺得這個願景鼓舞人心，值得投注時間和精力，那麼我們就會更容易去規劃實現願景所需採取的步驟。不論時間長短，我們愈能清楚看到想要完成的目標，就愈有可能實現它。這是多麼興奮的事啊！多虧多巴胺。這就是為什麼從務實的角度來看，最棒的願景雖然是無法真正完成的理想，但我們仍會樂於嘗試。我們在旅程中的每個時點，都是讓我們感覺朝著一個比自己更偉大的目標前進的進步機會。

按照這樣的設計運作，我們就會衣食無虞地完成工作，並且推動進步。更重要的是，我們就能更支持與照顧我們的家人與團隊成員。多巴胺能幫助我們讀完大學、成為醫生，或努力不懈地實現未來的願景。

但是多巴胺有個部份很容易讓人忽略。多巴胺非常容易上癮。雖然對我們有幫助，但也可能會產生反作用，傷害我們。古柯鹼、尼古丁、酒精和賭博都會釋放出多巴胺，這種感覺會讓人沉迷。儘管這些東西會對人體起化學作用，不過，基本上讓我們上癮的原因（以及許多讓我們感覺愉悅的東西）都是因為對多巴胺上癮。唯一的不同點是，為了再度享受到多巴胺的分泌，我們會重複進行相同的行為。

現在，這份多巴胺獎勵機制的清單上還多一件東西：社群媒體。簡訊、電子郵件，或是提醒「有郵件」的手機叮咚

聲、鬧鈴聲，或者閃光，這些都會讓我們感到驚喜。本該如此，我們已經把跟「哦，這是給我的東西」這種釋放多巴胺的感覺與收到簡訊、電子郵件或類似東西的感覺連在一起。

是的，這是真的。我們討厭電子郵件，但我們卻會等待那些提醒我們某些東西存在的叮咚聲、鬧鈴聲或閃光。有些人已經形成新的神經連結，驅動我們隨時把手機拿在手中；即便沒新東西傳進來，仍要三不五時低頭看一下，更新畫面好幾次。給我多巴胺吧！

有人說如果你早上醒來最想做的第一件事就是喝一杯，那你可能是個酒鬼。如果你早晨醒來、甚至在下床之前做的第一件事是檢查手機的電子郵件或瀏覽社群媒體，你可能已經上癮。因為渴望體內釋放感覺愉悅的化學物質，我們會重複可以產生這種效果的行為。在酗酒或賭博的例子中我們都意識到這一點。我們比較沒有意識到熱愛科技產品與社群媒體這種上癮的特質。

在績效導向的組織中，多巴胺是主要的獎勵辦法，像是達成目標或賺大錢。就像賭博一樣，我們也可能對「創造數字」上癮。唯一的問題是，我們的現代癮頭是否真的這麼天真無邪？是否會帶來意想不到的副作用，反而造成傷害？

在當前的年代，因為多巴胺之故，我們喜歡逛街或收集東西，雖然這樣的興趣幾乎都沒有理性可言，但我們還是喜歡，因為這可以滿足我們如史前時代覓食時的欲望。如果我

們上癮到無法自拔，儘管會讓我們感覺愉悅，卻往往得付出較高的成本。我們花在這個癮頭上的時間與金錢遠比理性告訴我們應該花的還要多。有時我們甚至會犧牲人際關係，只為了能再多得到一點多巴胺。

　　成就可以由多巴胺刺激。但是，那種持久的幸福和忠誠感，必然需要其他人參與。雖然我們可能不會懷念 10 年前達到的目標，卻仍舊會討論當時奮戰時所交的朋友。

　　好消息是，贏得別人的信任、關愛與忠誠的行為也能得到正面感受的化學激勵作用。為了得到這種感受，我們需要做的就是付出一點點。這非常方便，因為大家都知道，我們如果跟信任的人攜手合作，比單槍匹馬更事半功倍。

　　靠著腦內啡和多巴胺，我們得以確保生存，因為這兩者的作用跟食物和居住有關。它們幫助我們把事情做好，因此我們安居飽食。我們需要工作才能「生存」的說法並非意外，我們真的有這種感覺。如果沒有腦內啡給我們繼續前進所需的優勢，一旦我們疲倦且筋疲力竭，就不會繼續努力。當我們完成一樣工作，多巴胺會在體內發揮化學作用來獎勵我們，好讓我們持續去努力找到東西、創造東西，以及把事情做好所需要的努力。然而，我們很難獨自完成所有事情，尤其是重大的事，攜手合作比較好。

▎ 無私的化學物質

　　尋找願景、建立願景和實現願景只是故事的一部分。人類推動進步的方法是讓我們在危險世界中能安居樂業的核心關鍵。正是這些無私的化學物質讓我們在公司跟信任的人在一起時感覺到受重視。也正是這些化學物質給我們歸屬感，並激勵我們為了團隊利益努力。正是這些無私的化學物質，讓安全圈保持強大。

　　牛羚的屍體順著波札那（Botswana）尚比亞河（Zambezi River）的支流順流而下，很快就要成為河裡兩條鱷魚的大餐。一看到食物，這兩隻鱷魚都向前猛撲上去，但只有一隻會勝出。速度愈快、體力愈強大的那一隻當天可以飽餐一頓。這場搶奪的行為完全出於本能行動，勝利者會把牛鈴吃完，帶著飽足的胃游走，一點也不會關心另一隻鱷魚。雖然另一隻鱷魚帶著饑餓離開，但牠並不會怨恨對手。在鱷魚這種爬蟲類動物的大腦中沒有任何獎勵合作行為的化學物質。當有合作機會時，其他動物並不會接收到正面感受，因而也就沒有合作的誘因。牠們天生就是冷血的獨行俠，這就是牠們的生活方式。與個體無關，一切都是本能。而且對一條鱷魚來說，這樣的運作很有效。

　　然而我們跟鱷魚不同。雖然大腦有部分與原始爬蟲類相同，但我們的大腦持續成長，早已超越原先的爬蟲類祖先。

你可以為人類貼上任何標籤，但絕對不會是獨行俠。我們大腦多了一道哺乳動物層，幫助我們成為高度社會化的動物。這有很好的理由。如果不能調適部落生活，相互合作，人類很早就會滅絕。我們沒有厚實有鱗片的皮膚在被攻擊時保護我們。我們不像大白鯊一樣擁有一整排鋒利的牙齒，讓我們即使失去幾顆牙齒還能張口大咬。我們根本不夠強壯到可以獨自生存，更別說想要壯大。無論我們願不願意承認，我們就是需要彼此。這就是血清素和催產素發揮作用的地方，它們是安全圈的骨幹。

　　血清素和催產素是為了鼓勵我們從事社群行為，幫助我們建立信任和友誼關係，讓我們能彼此照顧。因為有了這兩種化學物質，人類才能形成社會與文化。正是因為這兩種化學物質，我們才能齊心協力，完成更遠大的任務。

　　當我們相互合作或彼此照應時，血清素和催產素會帶來安全感、成就感、歸屬感、信任感，以及同志情誼獎勵我們。如果因為適當的理由在適當時間釋放，可以把團隊成員變成鼓舞人心的領導者、忠實的追隨者、親密的朋友、可信賴的夥伴或信徒，像是英勇強尼。當這種情況發生，當我們發現身處安全圈中，壓力會下降，成就感會上升，我們會更想要服務其他人，更加相信別人會照顧我們。然而，當這些社交動機受阻時，我們會變得更自私，而且更具攻擊性。領導的地位開始不穩，合作關係減少，壓力隨偏執和不信任的

增加而上升。

如果我們的工作環境讓獲得這些獎勵變得難上加難，那麼我們想要協助同事或組織的意願也會減弱。而且在缺乏承諾的組織中，同事想要協助我們的意願也會跟著減少。惡性循環就這樣開始。同事與領導者愈不照顧我們，我們也就愈不會照顧他們。我們愈不照顧他們，他們也會變得愈發自私，結果我們也變得更自私，最後每個人都是輸家。

催產素和血清素會潤滑這部社會機器。當缺少這兩種化學物質時，摩擦就會產生。當組織領導者創造的文化抑制這些化學物質的分泌，就等於帶來破壞，破壞我們的事業、我們的幸福，以及組織的成就。

文化的力量決定一個組織適應時代、克服困境，以及引領創新的能力，這不是由組織的規模或擁有的資源決定，當條件對了、當有一個強大的安全圈存在，而且所有人都能感受到時，人類才能發揮最佳能力。我們會根據天性行動，攜手合作。

▎血清素：引以為傲的感覺

「我的演藝生涯跟別人不一樣，我最想要的就是你們的尊敬。」這是女星莎莉・菲爾德（Sally Field）1985 年以電影《心田深處》（*Places in the Heart*）贏得奧斯卡獎發表的

感言。「第一次得獎時我沒有這種感覺，」她承認，「但這次我感受到了，我不能否認你們喜歡我，就是現在，你們喜歡我！」

菲爾德當時的感覺，正是血清素在血管引發的化學作用。血清素帶給我們驕傲的感覺。這是當我們察覺到別人喜歡或尊重自己時得到的感覺。這讓我們感覺強壯和自信，彷彿可以征服一切。除了增加信心，它還提高我們的地位。菲爾德從影藝界獲得的尊重，大大影響她的職業生涯。奧斯卡獎得主的片酬更高，有更多機會挑選自己想拍的電影，並發揮更大的影響力。

身為社會動物，我們更想獲得部落同胞的認可，我們需要它，這真的很重要。我們都希望我們為團隊或其他成員付出的努力可以受到重視。只要能夠得到這樣的感覺，就不需要頒獎典禮、公司認證或畢業典禮。而且肯定不需要看臉書上有多少人按「讚」、多少人看過 YouTube 影片、或是多少人追蹤推特。我們想要受到重視，尤其是受到團隊成員重視。

由於有血清素，一個大學畢業生會很驕傲，他走上舞台領取文憑時感覺自信滿滿，地位提升。技術上來看，學生要畢業只需要付學費、達到學校規定，並修習足夠的學分。如果我們只收到一封制式的恭賀郵件與可下載的文憑附件，也許畢業就不會有同樣的感覺。

　　最棒的部分是，領取畢業證書的那一刻，他們會感覺到血清素流過血管。他們坐在台下的父母在那一刻也會大量釋出血清素，同樣感到驕傲。而這才是重點。血清素試圖強化父母和孩子、老師和學生、教練和球員、老闆與員工，以及領導者和員工之間的緊密關係。

　　這就是為什麼得獎者第一個都會感謝父母、教練、老闆或是上帝，因為他們覺得這些人提供所需的支持和保護。當別人提供我們支持與保護時，因為有血清素，我們會覺得對他們有責任。

　　請記住，這些化學物質控制我們的感覺，這就是為何當別人投入時間和精力來支持我們時，我們能實際感受到責任的負擔。我們希望他們覺得為我們犧牲很值得。我們不想讓他們失望，我們希望讓他們驕傲。如果我們給其他人支持，我們也會感覺到相同的責任感。我們希望做對他們有用的事，讓他們完成計畫。因為有血清素，我們並不覺得要對數字負責，我們只感覺到對人負責。

　　這可以解釋在沒有觀眾下獨自越過終點線，以及在眾人齊聲歡呼時衝過終點線的感覺為什麼不同。這兩種情況的成就一樣，時間一樣，甚至付出的努力也一樣。唯一的區別是其中一個情況有其他人看著我們，為我們歡呼。

　　我在幾年前參加紐約馬拉松比賽的時候就有這種感覺。讓我繼續跑下去的原因是我知道朋友和家人紛紛站出來支持

我。他們花寶貴的時間和精力，冒險穿越馬路和人群，只是為了看到我跑過去那一刻。他們甚至會推測我在哪個時間會跑到哪裡，因為他們很驕傲地看到我做了一件很困難的事。而這激勵著我不斷敦促自己，只是因為知道他們在那裡等我。我不只是為自己而跑，不只是為了享受腦內啡和多巴胺的快感而跑。因為血清素，我現在也為他們而跑。這真的很有幫助。

如果我只想要跑完 42.195 公里，如果我只想要多巴胺帶來的快感，我可以在任何週末自我訓練，跑完全程。但我沒有，我跑的那天，全家人都出來支持我。當天主辦單位給我一群替我加油的啦啦隊。更棒的是，我還得到象徵成就的獎牌，當我掛在脖子上時，我感到很自豪。血清素讓人感覺很愉悅。

當我們付出愈多，我們對團隊的價值就愈高，團隊成員給予我們的尊重也愈多。因為得到更多的尊重和認可，我們在團隊中的地位就會更高，也會有更大誘因來持續為團隊付出。至少事情應該這樣運作。不論我們是老闆、教練或家長，血清素就是用來鼓勵我們服務那些直接被我們照顧責任的人。如果我們是員工、運動員，或被照顧的人，血清素就是要鼓勵我們努力工作，好讓他們感到驕傲。

最努力協助其他人成功的人會被團隊視為領導者或天生強人「阿爾法」（alpha）。而阿爾法強人該是團隊的支柱，

願意犧牲時間和精力好讓其他人可以成功，這是領導的先決條件。

▎ 催產素：愛的化學作用

催產素是大部分人最愛的化學物質。它會帶來友誼、愛情或深切信任的感受。這是我們與最親密的朋友或值得信賴的同事在一起時會得到的感覺。這是為某個人做一件好事或某個人為我們做一件好事時得到的感覺。催產素負責所有的溫暖與愉悅的感受。這是當我們手牽著手合唱福音歌曲〈微聲盼望〉（Kumbaya）時得到的感覺。不過催產素不只是為了讓我們感覺愉悅，它對人類的生存至關重要。

如果沒有催產素，我們不會表現出慷慨的行為；如果沒有催產素，就沒有同理心；如果沒有催產素，我們就無法建立牢固的信任和友誼，我們沒有人可以依靠，在背後照應我們；如果沒有催產素，我們就沒有夥伴可以撫養孩子，事實上，我們甚至不會愛孩子。正由於有催產素，我們才會相信其他人能幫我們建立企業、完成困難的任務，或是在我們處於困境時伸出援手；正是因為催產素，我們會感覺到與人緊密連結，也會喜歡跟我們喜歡的人共處。催產素使我們變成社會動物。

群體合作的物種會比單靠一人的物種創造更高的成就。

因此，我們需要知道誰值得信任。在一個團隊中，沒有人必須隨時保持警戒來確保自己安全無虞。如果我們身處互相信任的團隊，這個責任就可以由團隊成員共同分擔。換句話說，我們可以在夜裡安穩入睡，因為我們相信有人會隨時留意危險狀況。催產素這個化學物質會幫助決定我們能毫無戒心到什麼程度。這是一個社會羅盤，可以決定何時信任別人比較安全，或者何時應該把門關起來。

不像多巴胺與立即的喜悅有關，催產素的作用很持久。我們與某個人在一起的時間愈長，我們就愈願意變得更平易近人。當我們學著去信任他們，贏得他們的信任，就會有更多的催產素在體內流動。隨著時間經過，就像魔法一般，我們會發現我們跟這個人已經有深厚的連結。多巴胺帶來的瘋狂、興奮與立即的快感被催產素驅動的更輕鬆、更穩定且更長久的關係取代。如果我們能在虛弱的時候依賴其他人幫忙並保護我們，那就是一個很珍貴的狀態。我最喜歡給「愛」下的定義是：就算給別人消滅我們的力量，我們也相信他們不會這麼做。

任何新關係都一樣。當我們第一天到新公司報到時，我們很興奮，對方也會很興奮，一切都很完美。但是我們必須感覺到同事會照顧我們、花時間和精力幫助我們成長，這種信任才會真的讓我們覺得有歸屬感。不論在個人關係或工作關係上，只要是建立關係都適用。

　　儘管我們非常想要出人頭地，而且自認為是獨立個體，我們本質上還是群居動物，我們的天性就是要在有歸屬感的團隊中找到撫慰。當屬於一個團隊時，大腦會釋放出催產素；而當我們感到無助和孤獨時，則會分泌出造成焦慮不安的皮質醇。對我們的祖先與所有社會性哺乳動物來說，讓我們可以面對周遭危險的歸屬感與自信心完全得看在團隊中感覺的安全程度。站在邊緣是危險的，愈是在團隊邊緣的獨行俠，會比被其他人包圍與受到重視的人對掠食性動物更敏感。

　　有人因為特別喜歡《星際大戰》（*Star Wars*）或其他超級英雄而覺得自己在社會中格格不入，但當他們參加動漫展或其他粉絲大會時，卻會感受到強烈的同志情誼。與志同道合的人聚在一起會讓我們有歸屬感，並給我們安全感。我們感覺被接受成為團隊的一分子，不再因為覺得自己是邊緣人而焦慮受苦。沒有什麼別的感受像歸屬感一樣讓人想渴望擁有，這種感覺讓我們覺得身在安全圈裡面。

▌催產素是信任和忠誠的來源

　　我跟朋友走在大街上，走在我們前面的人背包不小心打開，論文掉到人行道上。我們什麼都沒想就彎下腰幫他撿起來，然後我告訴他背包沒關好。這個舉手之勞只耗費一點時

在安全圈中，我們覺得自己有歸屬感。

間和精力，也沒有預期會有任何回報，卻給了我一劑小小的催產素，助人的感覺真好。受到我們幫助的人也得到一劑小小的催產素，因為有人為我們做好事，我們的感覺很棒。我們站起來，繼續向前走。

走到路口等紅綠燈時，一個在我們前面的人轉過來說：「我看到你們剛才做的事，真是太酷了。」這就是催產素最棒的地方。不僅做出舉手之勞的人得到一劑催產素，接受施惠的人也得到一劑催產素，就連目睹這個舉動的第三者也會得到這種化學物質而感覺愉悅。僅僅是看到或聽到這個慷慨行為就會激勵我們做相同的事。我幾乎可以向你保證，那個看到我們行為的人很有可能在當天也做了一件好事。這就是為什麼我們發現難以置信的無私行為影片或新聞是如此鼓舞人心，這就是催產素的力量。它實際上可以讓我們變成好人。我們做的好事愈多，就愈想再做更多好事，這就是「讓愛傳出去」背後的科學。

身體接觸也會釋放出催產素。我們擁抱喜歡的人所得到的溫暖感覺就是催產素。這也是為什麼牽著別人的手會覺得很美好，還有孩童總想觸摸和擁抱母親的原因。事實上有很多證據顯示，沒有與人接觸的小孩，或是沒有足夠催產素的小孩，在以後的生活很難與其他人建立信任關係。這也是運

動員會努力強化團隊關係的一個原因。他們會相互擊掌、互碰拳頭或拍打對方。催產素強化他們共享與承諾的關係，因為他們為了達成目標必須攜手合作。

假設你與某個人簽約，他已經同意所有的條款。就在簽下合約前，你伸出手臂握住即將成為合夥人的手。「不，不，」他說，「我不需要跟你握手。我同意合約裡所有的條件，我很高興能與你做生意。」

「太好了，」你回答說，「讓我們握手成交吧！」

「我們不需握手，」他又說，「我同意所有條文，也準備好簽署合約，並開始展開業務。」理性來說，你已經把想要的一切寫在合約中，但他卻不願有身體接觸、握握手、用一些產生信任的化學物質來加強彼此的關係。光是這個簡單的拒絕就意味有事情會發生。你不是會放棄這樁生意，就是會緊張地完成這筆交易。這就是催產素的力量，這就是為何各國領導者握手時總是件大事的原因。對雙方與在場見證的人來說，這都是合作的跡象。如果我們的總統在聯合國與一些可怕的獨裁者握手，就是巨大的醜聞。握手這個動作看似簡單，但代表的意義不只是一個簡單的動作，肢體接觸證明一個願意信任對方的意向……甚至比合約條款還更明顯。

催產素真是神奇的東西。它不僅是信任和忠誠感背後的原因，也可以讓我們感覺愉悅，激勵我們為其他人奉獻心力。大自然希望那些為其他人貢獻的基因能長存在基因庫

中，這可能也是催產素可以幫助我們活得更久的一個原因。

根據 2011 年發表在《美國國家科學院期刊》（*Proceedings of the National Academy of Sciences*）的研究顯示，自稱快樂的人壽命比不快樂的人多出 35％。這份研究調查 3800 名 52 到 79 歲的男女，結果發現即使把財富、職業等人口因素，與吸菸和肥胖等健康行為納入考量，認為自己最幸福的人在未來 5 年的死亡率比最不幸福的人還低。

催產素增強我們的免疫系統，讓我們更有能力解決問題，更有辦法抵抗多巴胺的上癮特質。不像多巴胺多半帶來立即的滿足感，催產素帶來持久的平靜與安全感。我們並不需要因為臉書上有多少人按「讚」或跟隨而感覺良好。拜催產素之賜，光是知道朋友和家人都在身邊，光是看著所愛的人的照片或是深愛我們的人的照片，就會讓我們感覺愉悅，不會感到孤獨。而當這種感覺出現的時候，我們想要為他們做更多事，幫助他們產生相同的感覺。

7 產生警覺的化學物質

　　這是陽光普照的一天，平靜的微風消滅一些暑氣，從任何角度來看，今天都是完美的一天。

　　突然餘光瞄到一些騷動，草叢傳出沙沙聲，好像有什麼東西在那裡，牠也不能肯定，但坦白說這不重要。重要的是，好像有什麼東西在那裡，有一些危險、致命的東西在那裡。

　　這樣的焦慮不安就足以讓瞪羚停止吃草，立刻抬起頭察看，希望不是獅子。另一隻瞪羚注意到有個成員警覺到可能出現的危險，也立刻停止進食，開始搜尋，兩雙眼睛總比一雙好。沒多久，整群瞪羚都抬起頭來。牠們不知道要找什麼，牠們只知道如果有個團隊成員感覺到有危險，他們全都應該覺得有危險。

　　接著，在一瞬間，一隻瞪羚看到猛撲過來的獅子，本能地朝反方向瘋狂衝刺，這隻瞪羚可不是最初警覺到潛在危險那隻。接著其他瞪羚不管有沒有看到獅子，也都朝同個方向全速狂奔。獅子試圖追擊，但跑沒多久就耗盡體力。獅子偷襲宣告失敗，所有瞪羚得以多活一天。這是團體生活的好處，每個團隊成員都會協助提防危險。如果團隊中有一個成員感覺到危險，整個團隊都可以在為時已晚前幫忙發覺。

這是許多生態紀錄片經常出現的場景。有時候獅子會突襲成功，有時候會失敗。但是瞪羚的反應始終一致。首先，其中一隻或幾隻會先感覺不安。然後牠們會試著瞄準危險的來源，一旦確定有威脅，他們就開始逃命。正是這種好像有什麼東西在外面、可能會傷害牠們的最初感覺開啟整個系統，讓這群瞪羚在一天結束時更有機會生存。

感覺有什麼東西出錯是所有社會性哺乳動物所擁有的天然預警機制，包括人類。它的目的是提醒我們注意威脅，提高警覺，為可能發生的危險做好準備。要是沒有這種感覺，我們只能在真正看到威脅、或者攻擊已經開始時才會警覺到危險，從生存角度來看可能為時已晚。

▍皮質醇：警示危險

英勇強尼冒著生命危險在阿富汗保護 22 人特勤部隊就是完美的例子。他察覺那晚的狀況有些不對，這種察覺有危機潛伏的「直覺」，是由一種「皮質醇」的化學物質造成。皮質醇負責管理壓力與焦慮感，像是夜晚忽然有東西冒出來時的情況。這是我們在戰鬥或逃跑的第一個反應，就像一套高度安全的警告系統會自動預警一樣，皮質醇被設計來警示我們注意可能發生的危險，並準備好自我保護的額外措施來提高生存機會。

　　將瞪羚的情況套用在職場，一個人聽到裁員的流言，然後他會告訴另一個同事。沒多久，就像那群瞪羚一樣，流言一個接一個的傳遍整個辦公室，大家開始討論與擔心，對即將到來的裁員焦慮不安。由於皮質醇在血管裡流竄，所有員工都變得高度警覺。在威脅結束以前，他們感受到的壓力讓他們無法安心做事。

　　出現實際威脅的時候，像是警察聽到警報，腎上腺素就會被釋放到血液裡，給我們逃離現場或面對敵人的能量（你或許聽過一個母親突然湧出超人的力量來保護孩子的故事，這就是腎上腺素的力量）。但如果沒有威脅，我們會深吸一口氣，等待皮質醇離開血液，讓我們的心跳恢復正常，然後再次放鬆。

　　皮質醇不該永遠停留在血液系統裡，它應該在我們察覺威脅時啟動，然後在威脅過去後離開，理由是皮質醇會讓我們身體產生很大的壓力。假如我們必須永遠活在恐懼或焦慮中，皮質醇會重新設定身體系統，造成永久的傷害。

　　我們都知道大量分泌皮質醇的感覺就像擔心自己幸福受損的感覺。皮質醇也是在工作中感到焦慮、不舒服或壓力的原因。跟瞪羚不同，人類擁有複雜的新皮質，也就是我們大腦中負責語言、理性、分析，以及抽象思維的部分。瞪羚因為體內的皮質醇做出反應，而人類則想知道當前壓力的起因，以了解或理解我們的感受。我們經常試著找出自以為是

威脅的來源,用來解釋我們的不安,無論這是真實還是想像的威脅。我們可能會責怪說謊的老闆、為了升官在背後刺傷我們的同事。我們可能因為會議中的不當發言而自責。我們會反覆思索我們做了或沒做的許多事情,來理解為什麼會覺得焦慮。皮質醇創造的偏執感受只是發揮它應該發揮的作用。它試圖讓我們找到威脅,並為此做好準備,看是要戰鬥、逃跑、還是躲起來。

不管這個威脅是真的還是想像的,我們感受到的壓力都是真的。不像理性的大腦,我們的身體不會試著評估危險是什麼,我們只是本能地對流進血液的化學物質做出反應,並為可能潛藏的危險做好準備。人類舊石器時代的大腦並不想了解威脅,它只想增加生存的機會。更重要的是,我們的身體並不知道我們在辦公室還是在開放的大草原上工作。我們古老的早期預警機制不明白我們面對的「危險」幾乎不會威脅生命安全。這就是為什麼為了努力保障自我利益,這個機制驅使我們做出回應。

我在哥倫比亞大學(Columbia University)工作的朋友有天去辦公室填寫一些行政文件。在辦公桌前接待的是名年輕女子。雖然我的朋友禮貌又友善,但那名女子並沒有用禮貌與友好的態度回應。雖然她沒說什麼粗魯或不適當的話,但他可以感覺到她並不在乎他和他的需求。她只用一、兩個字回答問題,而且沒有額外幫助或指引,甚至我朋友主動詢

問也是一樣。當她招呼下一個人時，她再度覺得自己好像被人打擾一般，即便對方只是要求她做該做的工作。雖然，身為同個組織的同事，她提供幫助才是符合雙方利益的事，但這名職員似乎對合作有些排拒。

在這樣的辦公室裡，人們寧願關心自己，在必要時才與人互動，做完分內工作，然後在一天結束後回家。冒險或多做一些事來保護其他人並沒有意義。正因為如此，雖然工作壓力不大，也沒有裁員的威脅，辦公室裡總是經常瀰漫著焦慮。身為社會動物，當我們感受不到支持時，壓力就出現了。潛意識的不安會讓我們感覺必須自掃門前雪。當我們覺得大多數同事只關心自己的感受時，我們原始的大腦會覺得很驚訝。問題不是出在人，而是出在環境。

當一隻瞪羚警覺到麻煩出現時，會提醒其他瞪羚，因此增加所有瞪羚的生存機會。不幸的是，許多人處在團隊成員不那麼在意彼此命運的工作環境中，這意味著有價值的資訊往往被當成祕密，像是即將到來的危險。因此，員工之間或領導者和員工之間的信任關係就算存在，也非常脆弱。我們只能把自己放在第一位，幾乎沒有其他選擇。我們害怕老闆不喜歡我們；我們擔心一旦犯了錯誤，就會遇到麻煩；我們認為同事會試圖邀功，或在背後放冷箭搶到前頭；我們得留意媒體的過度炒作；我們擔心公司今年的業績數字無法達成，裁員可能勢所難免。可是如果員工們都不互動，如果我

們無法感受到安全，皮質醇就會開始滲入我們的血液裡，慢慢地滴落、滴落、滴落。

這是很嚴重的問題。首先皮質醇會抑制負責產生同理心的催產素分泌，這意味當安全圈很脆弱時，人們必須投入時間和精力來保護自己免於陷入政治鬥爭和公司內部的其他危險，就會讓我們變得更自私，更不關心彼此或組織。

在不健康、不平衡的文化裡工作就像攀登聖母峰一樣，我們得去適應環境。儘管情況危險，登山者知道要花時間在基地營先適應環境。隨著時間經過，身體會適應環境，使他們能堅忍地撐下去。在不健康的文化裡，我們會做出同樣的事情。如果環境條件非常惡劣、每天都有被裁員的威脅，我們絕對不會留下來。但是當情況有些複雜，像是辦公室政治、投機行為、固定的裁員季、同事之間普遍缺乏信任等，我們就會適應。

就像在聖母峰基地營一樣，我們相信自己的狀況很好，有辦法應付。然而事實上，人類天生就不具備在這些條件下生存的特質。儘管我們可能自認很舒適，但環境的影響仍舊會造成傷害。只是因為我們已經習慣，只是因為這已變成常態，並不表示這一切可以被接受。即便我們已經適應聖母峰的環境，但如果在山上的時間太長，內部器官仍然會受損。在不健康的文化也是一樣，即使我們習慣在壓力與低潮下生活，體內維持一定的皮質醇，並不意味要接受這種狀態。

　　身體經常分泌皮質醇不只對組織不好，對健康也會造成嚴重傷害。跟其他自私的化學物質一樣，皮質醇可以幫助我們生存，但不應該一直停留在體內。皮質醇會破壞體內的葡萄糖新陳代謝，讓血壓升高，造成發炎反應，並損害認知能力（如果組織裡有事情讓我們壓力沉重，我們就更難把注意力集中在外界的事）。皮質醇會增加侵略性，抑制性慾，一般會讓我們感受到強大壓力。而真正的殺手就在這裡，皮質醇會迫使身體快速反應，依現場狀況決定能戰鬥或是逃跑。因為這需要大量能量，所以當我們感覺到威脅時，我們的身體會關閉不必要的功能，例如消化和生長系統。直到壓力過去後，這些系統才會被再次打開。不幸的是，免疫系統似乎也是身體認為不重要的一個功能，所以在皮質醇爆發時也會關閉。換句話說，如果我們在信任度很低、人際關係薄弱或僅止於利益交換，而且壓力和焦慮是常態的環境工作，我們就更容易生病。

　　催產素增強我們的免疫系統，皮質醇卻相反。現代社會的癌症、糖尿病、心臟病與其他可預防的疾病發生率都在增加恐怕不是巧合。時至今日，這些疾病比起暴力犯罪或恐怖主義更有可能殺死我們。美國國家反恐中心（National Counterterrorism Center）估計，2011 年全球有超過 1 萬 2500 人遭恐怖分子殺害。而根據美國聯邦調查局統計，2000 到 2010 年美國大約有 16 萬 5000 人被謀殺，其中超過

2/3 都死於槍下（不包括佛羅里達州）。相較之下，美國每年有 60 萬人死於心臟病，2012 年還有將近 60 萬人死於癌症，這就是明顯的證據。試想一下，每年死於心臟病和癌症的人數比 10 年內被謀殺的人數高出 7 倍！

當然光是壓力不會導致這些死亡，但這個數字如此龐大，並持續增加，組織領導者似乎得為他們的推波助瀾負起責任。震驚的是，企業獎勵制度或企業文化對這個數字貢獻不少。我們的工作真的會把我們害死。

相反地，一個強大的組織文化有利健康。我們的工作環境，以及與同事互動真的很重要。良好的工作環境可以確保我們建立密切的信任關係，這正是有效合作所需的條件。因為我們從古老流傳下來的機制無法區別這是在舊石器時代荒野中面臨的威脅，還是在現代工作環境中感知到的威脅，因此我們做出相同的反應，身體釋放出皮質醇幫助我們生存下去。如果在我們的工作環境中，領導者願意說出實情，那裁員就不會是艱困時期的必然動作，而獎勵機制也不會挑撥我們，變成同事間相互對抗，催產素和血清素就會增加，變成充滿信任與合作的環境。

這就是工作與生活平衡的意義。這與工作時數或受到的壓力無關，這跟我們在哪裡會有安全感有關。如果我們覺得家裡很安全，但不覺得在工作上有安全感，那我們感覺到工作與生活失衡。如果我們與家庭和工作關係緊密、覺得屬於

那裡，並覺得受到保護，那像催產素這樣神奇化學物質帶來的強大力量就可以減低壓力和皮質醇的效應。有了信任，我們會為其他人做事，彼此照應，為彼此犧牲。這都能強化我們的安全感。我們在工作中感覺愉悅與自信，感覺到壓力降低，因為我們不覺得自己的幸福受到威脅。

▌皮質醇的負面後果

查理・金（Charlie Kim）能感覺到緊張氣氛，像鬧鐘一樣，每當會計年度即將結束時，辦公室的氣氛就會改變。這是恐懼，大家擔心公司如果沒達到營運目標，有些人明年的飯碗就不保。創辦「下一跳」（Next Jump）公司將近 20 年的查理・金看過景氣的高低起落，非常清楚這種恐懼與偏執可能會對公司業績造成驚人傷害。於是他做了一個大膽的決定，大幅強化公司的安全圈。

「我們希望下一跳是讓我們父母引以為傲的公司。」查理・金表示。讓父母引以為傲的很大一部分原因是員工都是好人，都做正確的事，所以他實施終身雇用政策。下一跳可能是美國唯一這麼做的高科技公司，沒有人會因為公司要平衡收支而被解雇，就算犯下代價高昂的錯誤或表現不佳都不會是解雇的理由。如果有可能，公司會花時間協助找出問題，幫助員工。就像是陷入低潮的運動員一樣，下一跳的員

工不會被解聘，他們會接受訓練。只有打破公司的高道德價值標準或積極貶抑同事的員工才會被要求離開。

實際並沒那麼絕對，因為員工幾乎不可能被解雇，下一跳在用人上比業界其他公司花更多時間考慮，也更加謹慎挑剔。他們不只考慮技能和經驗，也會花很多時間評估應徵者的性格。100個應徵者只有1個會被錄取。「如果主管被告知從現在開始不能開除任何人，」查理・金解釋，「但在市場狀況嚴峻，營收與獲利仍必須持續成長的情況下，那他們就只能從其他可以控制的地方著手，如招聘、培訓員工，別無選擇。」一旦有新人加入，主管都會把協助新人成長當成優先處理事項。

如果他們想要提供永久工作，那麼，這家公司的主管就必須費心招聘合適的人。「開除員工是一個容易的選擇，」查理・金說，「對員工愛之深責之切、給予培訓，甚至用專案協助不適合這裡的人另覓高就，都會是更有效的方法，可是這得耗費更多時間與注意力。」

對查理・金來說，撫養孩子讓他學到許多經營企業的教訓。這兩件事都需要在短期需求與長期目標間取得平衡。「首先而且最重要的是，你對他們的承諾是一輩子的，」查理・金說，「最終你希望他們成為更好的人。」他正是用同樣的方式看待員工。他知道大多數的人不會在困難時期就丟棄自己的孩子，所以「我們如何能在相同條件下解雇員

工？」他問到，「不論我們跟兄弟姐妹吵得有多兇，我們無法放棄家庭，我們必須讓家庭繼續運作。」雖然他可能不是完美的老闆或父母（我們都不是），但很少有人能質疑查理‧金對員工有多關心，有多努力去做正確的事，即使這有時還意味著他得承認自己有錯。

下一跳的一名工程師表示，他最初以為終身雇用政策對績效不佳的人很不錯，對像他這樣績效優異的員工並沒有太大的差別。他不怕沒有工作。然而他沒想到這個政策對他成為主管有多大的幫助。終身雇用政策實施後，他的團隊溝通更加開放。錯誤與問題在情況還沒惡化以前就很快被指出來，資訊共享與合作也跟著增加。僅僅是因為團隊成員不再擔心工作不保，主管就看見團隊績效扶搖直上。事實上，整個公司的業績都一飛衝天。

在新政策實行之前，下一跳公司多年來的年平均營收成長率為 25％，自從採用終身雇用政策後，每年營收成長飆升至 60％，而且速度沒有放緩跡象。儘管 Google、臉書或其他大型科技公司提供下一跳許多工程師工作機會，但他們並沒有離開。下一跳以往的工程師流動率為 40％，跟業界差不多。自己訓練人才後，現在的流動率僅僅只有 1％。這證明即使有人提供更高的職位和更優渥的薪資，人們還是寧願在感覺有歸屬感的地方工作。人們寧願在與同事共事有安全感，有成長機會，並感覺正在為一個比自己更偉大的目標

而努力的公司工作，而不是在一個變有錢人的地方工作。

　　這是人類、甚至工程師處在符合天性環境會出現的結果。我們會留下來，我們會保持忠誠，我們會互相幫助，充滿驕傲和熱情地投入工作。

　　當我們花時間建立適當的關係、當領導者選擇把員工放在財務數字之前，以及當我們真正感受到彼此間的信任感時，充滿皮質醇的高壓工作環境所造成的許多負面效應就能靠體內釋放出的催產素逆轉過來。換句話說，減輕壓力、實現工作與生活的平衡不是靠工作性質或是減少工作時數來達成，而是靠體內釋放出更大量的催產素和血清素。血清素增強我們的自信心，鼓勵我們幫助那些為我們工作的人，也讓我們為他們感到驕傲。催產素減輕壓力、增加我們對工作的興趣、改善認知能力，並讓我們更有能力解決複雜問題。它能增強我們的免疫系統、降低血壓、增強性欲，實際上還能減輕對菸酒的依賴。最重要的是它能激勵我們攜手合作。

　　這就是為何「熱愛工作」的人可以很容易推掉薪水更高的工作，留在自己熱愛的工作崗位上。相較於有些領導者專注在即時獎勵，對快速決定與行動給予誘因，無私的化學物質所帶來的自由文化反而能創造出更穩定的組織與更佳的長期績效。當這件事發生時，我們的關係會變得更緊密更強大，我們會更忠誠，組織也會更加持久。最重要的是，我們回家時會更快樂，活得更長壽、更健康。

　　這種文化在各種規模的產業都可能存在，只要人們因為共同目標在一起合作，領導者就可以選擇推動他們想要的文化，不是出現動盪或裁員才有。人才庫也不需要換血，對這種文化價值觀不贊同的人可能會覺得體內的皮質醇告訴他們這不適合他們，他們可能會決定離開，尋找更適合他們的地方。相反地，其他人則會在同事間相處很安全，他們會覺得好像找到自己的家。

　　要創造這種文化只需要公司的領導者做決定，他們有力量創造出這樣的環境，讓員工自然地茁壯成長，推動對組織有好處的事。一旦明確界定公司文化和價值觀，所有組織成員就有責任，無論是否是領導者，人人都有責任像領導者一樣採取行動，維護這種價值觀，維持安全圈的強健。

8 領導者的意義

獵人凱旋而歸。經過一天漫長的跟蹤,他們到離家數英里遠的地方終於殺死一隻大到足以餵飽每個人的鹿。成功返家後,部落同胞們趕上前來恭喜他們,取過獵物,準備大餐。但有一個問題,生活在如我們祖先一樣 100 到 150 人的團體裡,大家都飢腸轆轆,很想飽食一頓。很明顯不可能整個部落的人都上前來搶食物,這樣會產生混亂。那誰該第一個吃?幸運的是,我們體內的社群性化學物質會協助我們解決這個問題。

公司和組織就是現代部落。跟其他部落一樣,都有各自的傳統、符號和語言。一個企業的文化就像其他部落的文化一樣。有些文化強勢,有些弱勢。我們覺得自己比較屬於某個文化,而不是另一個,我們比較容易跟某個文化中的人產生「共鳴」,而不是跟另一個。而且跟所有部落一樣,有些文化的領導者強勢,有些弱勢,但這些部落都有領袖。

幾乎所有人類的天生設計都有幫助提高生存和成功機會的目的。我們需要的領導者也不例外。從人類學角度來看領導的歷史,例如為什麼我們要有領導者,就會揭露一些優秀領導者的客觀標準,當然還有糟糕領導者的標準。這就像我們體內影響行為的機制一樣,我們之所以需要組織,跟取得

食物和保護有關。

▋當領導者有代價

儘管我們都喜歡人人平等的想法，但事實上並不平等，也永遠不會如此，這有很好的理由。如果缺乏一些秩序規則，那獵人把剛獵殺的新鮮獵物帶回部落時，每個人都會爭著搶食，爭先恐後相互推擠。有著橄欖球球員身材的幸運兒總是會第一個吃到，整天在家裡當藝術家的人總是會被推到一旁甚至受傷。如果大自然試著讓這個物種存活下來可不是一個好機制。被推到一旁的人可能不太願意相信稍早那天下午揍他們一拳的人，更別提跟他們密切合作。因此，要解決這個問題，我們演變成階層社會的動物。

當我們認為某些人可以主導我們的時候，我們不會跟他們爭奪食物；相反地，我們會自願後退，讓他們先用餐。多虧血清素，我們的行為讓他們感覺在團體裡的地位很高，知道自己異於常人，這就是階層組織的運作原理。

這些人有選擇配偶的優先權，也有優先享受肉食的特權。他們吃完後，部落其他人才可以吃。雖然其他人不會吃到最好的部位，但他們到最後還是可以吃；而且不會在進食時被別人的手肘撞到臉。這個機制比較利於眾人合作。

即使到今天，我們還是能接受這些強人在社會上獲得一

些特權（衡量強人的方式不光是用體力，而是用現代社會相對應的條件）。在工作上有人的位階比我們高、賺的錢比我們多、辦公室比較大，或是停車位比較好，我們都沒有問題。名人在很難訂的餐廳容易拿到保留席，我們沒有問題。富翁與名人手中總能挽著最好看的男人或女人，我們也沒有問題。事實上，我們接受這些人得到優惠待遇，以致於有時覺得他們沒有得到這樣的待遇會生氣，甚至覺得受到冒犯。

如果美國總統得背自己的行李，很多人會覺得奇怪，甚至覺得不夠尊重。不分黨派，我們對這個想法覺得不舒服，只因為他是我們政治組織中的領袖。畢竟他是總統，他不必這樣做。有些人甚至會願意主動替他扛行李。在社會中幫領袖做事是一種榮譽。也許之後他們記住或認出我們，甚至可能在眾人圍觀下幫我們一些小忙。如果他們這麼做，我們會感覺血清素在體內暴衝，覺得自己的地位和信心跟著上升。

正是因為一個強人在社會上可以得到好處，讓我們不斷努力提升自己的社會地位。我們漂票亮亮到酒吧，自我吹噓，希望其他人覺得我們健康又有魅力，讓我們的基因保留在人類的基因庫中。我們喜歡談論自己的成就，將文憑掛在牆上，把獎盃擺出來，讓所有人都可以看到。我們的目標是被認為聰明、強壯，而且得到強人應有的好處。我們還希望受到別人尊敬。所有的努力都是要提高我們的地位。

這就是地位象徵背後的整體思維，因為血清素之故，這

種象徵確實也提高我們的地位感。這也是為什麼最昂貴的產品外觀總會有品牌商標。我們希望大家看到我們的 Prada 太陽眼鏡側邊的紅色條紋標誌、香奈兒包包上的雙 C 商標，或是車頭上閃亮的賓士標誌。在我們的資本主義社會中，大喇喇地炫富可以讓其他人知道我們過的很好，這些是實力和能力的象徵，可以贏得別人尊重，提升社會地位。這也難怪總有人試圖偽裝，不幸的是，這行不通。雖然可以偽裝欺騙某些人，讓他們以為我們比實際上更成功，但這是生物學問題，我們無法自欺欺人。

北卡州立大學教堂山分校（University of North Carolina in Chapel Hill）的法蘭切絲卡・吉諾（Francesca Gino）、哈佛商學院的麥克・諾頓（Michael Norton）、杜克大學（Duke University）的丹・艾瑞利（Dan Ariely）3 位心理學家 2010 年的研究顯示，穿仿冒高級定製服的人並沒有像穿真品的人感受到相同的驕傲或地位。偽裝的結果其實會讓自己感到虛偽，好像作弊一樣。社會地位有生物學上的意涵，我們必須贏得它，才能感受到它。這個研究還得出一個結論，那些試圖欺騙自己的人，在其他生活面向更有可能作弊。

儘管我們的確可以用物質商品提高社會地位，但這種感覺不會持久。這種社群關係與血清素爆衝無關。再一次，無私的化學物質正試圖幫助我們加強社群和社會關係。為了找

到持久的驕傲感，必須要與一位導師／家長／老闆／教練／領導者建立關係才行。

領導地位不只人類獨有，正如我們努力提升在部落裡的地位，企業也不斷努力提高產業地位。他們會說他們得到消費者調查獎「J. D. Powers award」。他們會對外說在《財星》（*Fortune*）1000 大企業的排名。小公司如果上了評量快速成長小型企業的《企業雜誌》（*Inc.*）5000 大企業榜單，也會快速跟外界分享。我們熱愛排名是因為我們是階層動物，排在前面比較有甜頭可吃。

然而，身為領導者的好處並不是可以吃到免費的午餐。事實上要付出頗高的代價，而這卻是今日許多組織常常忘記計算的部分。這是事實，強人可能真的比其他人「更強」，我們對他們的尊敬和崇拜確實也提高他們的自信心，這是好事。因為當團隊面對外界威脅時，我們期望真正強壯、營養夠好的領導者可以因為體內分泌的血清素充滿信心，帶頭衝鋒陷陣保護我們。美國海軍陸戰隊中將喬治‧佛林（George Flynn）解釋：「領導的成本是自我利益。」這也是我們讓強人有優先擇偶的原因。如果他們因為試圖保衛我們而很早就陣亡，我們要確保他們強大的基因還能留在基因庫中。這個團體並不傻，我們不會讓他們白白拿到這些福利。

這就是為何我們對一些投資銀行主管拿到過高和不成比例的薪酬感到憤怒的原因。這與薪酬數字無關，與人性這個

根深柢固的社會契約有關。如果我們的領導者可以在這個社會享有地位，那我們會期望他們保護我們。問題是，我們知道許多薪酬過高的高階主管拿到高額的薪資跟福利，卻沒有保護他們的員工。在某些情況下甚至犧牲員工，來保護個人利益甚至增加自身利益。我們覺得這違反領導者的定義，所以我們才會指責他們貪婪無度。

如果曼德拉（Nelson Mandela）拿到 1 億 5000 萬美元的獎金，可能很少人會憤怒。如果德雷莎修女（Mother Teresa）在年底拿到 2 億 5000 萬美元的獎金，幾乎沒有人會反對。我們知道他們都遵守社會契約中該履行的義務。他們為了那些追隨者的利益自我犧牲奉獻，他們將別人的幸福放在自己之前，有時還因此受難。在這些狀況下，我們會非常開心這些領導者拿到應得的福利。這同樣適用於企業，企業領導者靠著願意為他們的員工和客戶做正確的事來贏得聲譽，當他們打破社會契約中的領導條款時，聲譽就會受損。

想想看，在這個物質導向、實境電視節目氾濫的社會中，我們是怎麼看待名人或有錢人，這門科學似乎很有道理。那些因繼承而致富、壓迫整個社會體系或者因現代媒體之賜出名的人都享有特別的待遇，只因為他們似乎擁有比我們高的地位。但名氣應該是強人地位的副產品，而不是取得強人地位的方法。財富也是一樣，它應該是成就的副產品，而不是靠取得領導地位就有財富。

　　除非有人願意為其他人的利益犧牲個人利益，贏得社會地位，他們就不是真正的「強人」。僅是扮演這個角色並不夠，就像穿戴名牌假貨的人一樣，他們對自己的地位沒有安全感，或者得加倍努力來彌補或試圖向大家（和自己）證明他們值得得到所有的福利。

　　這是公關公司建議名人客戶參與慈善工作的一個原因。這是現代世界的遊戲規則。維持深植在社會契約中的外表非常重要，所以強人應該要為我們服務。雖然用名人光環讓大家關注某個慈善義舉或困境對他們有好處，但如果他們真的關心，他們就不需要每次都要宣傳，他們會捨棄鎂光燈。

　　對持續參選的政治家也是如此。看著那些政治家聲稱他們關心我們，會做所有的好事，這實在很有趣。如果他們競選失利，許多人根本不會繼續做這些事。職稱不會讓人成為領導者，就算沒有正式職稱，領導者都會願意替其他人服務。有些人擁有權威地位但不是領導者，有些人雖然在組織最底層卻肯定是領導者。領導者享受特殊待遇並不是問題。然而在緊要關頭時，他們必須願意放棄這些優惠。

　　領導者願意照顧他們身邊的人。即使與其他成員的意見不同，他們還是願意犧牲舒適生活來換取團隊成員的福利。信任不是簡單的分享意見而已，信任是一個生物性反應，相信有人打從心底關懷我們的幸福。領導者願意為我們放棄一些東西，可能是他們的時間、體力、金錢，甚至是盤子裡的

食物。緊要關頭時，領導者會選擇最後才吃。

　　以客觀標準來看，那些為了提高自己地位來享受特殊待遇、卻不能履行領導者責任的人，簡單的說就是軟弱的領導者。雖然他們可能達到強人的地位，不斷升官，儘管他們可能具備強人的聰明才智和優勢，可是唯有承擔保護部屬的責任才能算是真正的領導者。如果他們為了個人利益選擇犧牲部落族人，一旦取得領導者地位，往往也得辛苦掙扎才能持續保有。這個團體並不傻，族人永遠都有力量。

　　組織領導者不會要求提高地位，是因為他們願意犧牲，部落滿懷感激不斷給他更高的地位，這種才是真正值得信賴和效忠的領導者。然而領導者有時也可能會失去方向，變得自私貪圖權力。他們被化學物質迷醉，有時可能會忘記對團隊成員的責任。有時有些領導者可以重新站穩腳跟，但如果他們不這樣做，我們別無選擇，只能略過他們、感嘆他們的轉變，並等待他們離開，同時找另一個人來領導大家。

　　一個優秀領導者要能避開鎂光燈，把時間和精力花在支持和保護部屬上，這是他們需要做的事。當我們感覺安全圈圍繞我們時，我們會提供我們的血液、汗水和眼淚，盡其所能的實現領導者的願景。領導者唯一需要做的事，就是謹記他們的服務對象，得到領導者的服務則是部屬的驕傲與榮幸。

▍沒了名片，也只是一般人

我聽過一個美國前國防部副部長在大型會議演講的故事。他在舞台上演講，與觀眾分享事先準備好的講稿。他停下來，喝口剛帶上講台裝在保麗龍杯的咖啡。然後又再喝一口，他低頭看著杯子，露出微笑。

「你們知道嗎，」他拋開講稿說，「去年我在這裡演講，參加相同的會議，使用相同的講台。但我還是副部長。」他說，「我搭商務艙過來，飛機降落後，有人在機場等我，送我去旅館。抵達旅館後，另一個人在等我，他們已經幫我報到，所以直接給我鑰匙，送我到房間。第二天早上我下樓時，大廳再一次有人等我，送我到這裡。我被帶著走後門進來，直達後台休息室，然後有人送上一杯裝在美麗陶杯中的咖啡。」

「但是今年我在這裡跟各位演講的時候，我不再是副部長，」他繼續說，「我搭經濟艙過來。昨天抵達機場時，沒有人來接我。我搭計程車到旅館，自己報到，自己走進房間。今天早上下樓到大廳，叫了一輛計程車到這裡。我從前門進來，自己找到後台。在後台，我問這裡的人是否有咖啡。他指著靠牆桌子上的咖啡機。所以我走過去，自己倒咖啡到這個保麗龍杯。」他舉起杯子給觀眾看。

「我突然領悟，」他繼續說，「去年他們給我陶杯，根

本不是因為我的關係，而是因為我有一個職稱，我只該拿到保麗龍杯。」

「這是我可以教給大家最重要的一門課，」他說，「你可能會從職務或地位得到所有福利、好處和優勢，這些其實不是特別給你，而是給你擔任的角色。當你脫離那個角色，而且你最終一定會脫離，到時他們就會把陶杯給取代你的人，你永遠只該拿到保麗龍杯。」

▌領導者應該最後才吃

2008 年股市崩盤的時候，貝瑞威米勒跟許多公司一樣遭受嚴重打擊。這家被查普曼改造轉型的老派美國製造公司的訂單幾乎馬上少了 3 成。這家公司生產大型工業機器，許多大型商品包裝公司會買這個機器來製作自家產品的厚紙板包裝盒。在景氣不好時，客戶會刪減資本支出，最先砍掉的就是貝瑞威米勒生產的機器，拿老機器湊合著用。

查普曼和他的領導團隊面臨一個硬生生的事實：他們再也養不起所有的員工。他們根本沒有足夠的工作或收入，讓每個人留在公司裡。因此，經營一段時間之後，裁員這個議題首度浮上枱面。

對許多公司來說，這個選擇很討厭，卻很明顯。但查普曼拒絕僅是因為景氣不好就解雇員工。他愈來愈把公司當成

一個家，這是一群他要服務、保障他們安全的團體，而不只是找來為公司服務的勞動力。「我們絕不會在景氣不好的時候就想丟掉孩子。」他說。總之，整個家族要團結合作，也許得一起吃苦，但最後總能攜手合作度過難關。

因此公司沒有裁員，取而代之的是實施強制休假。從執行長到祕書，每個員工都必須休 4 週的無薪假。要休哪一週都可以，而且不一定要連休。這個查普曼宣布的政策可以證明他的領導誠意。「我們大家全都承擔一點痛苦，這樣比較好，」他告訴員工，「這樣就沒有人會受到太多痛苦。」

查普曼提供給員工的保障造成很大的影響。不像宣布裁員的公司把員工送進自我保護模式，貝瑞威米勒的員工自發且徹底地為同事做更多事。有能力休很多無薪假的人會與沒能力的人交換休假。雖然他們沒有義務這樣做，但這些人仍然休得比規定更多的無薪假，只是為了幫助別人。整個公司的氛圍是員工感覺到安全感。我猜在企業碰到困難時，大部分員工寧願失去一個月的工資，也不願失去工作。

當市場開始回溫，無薪假也隨之中止。公司不僅恢復停止提撥的 401（K）退休金，還回溯到危機開始前，把之前該提撥的退休金全部補提回來。這造成驚人的結果，公司領導者落實強人義務，保護族人；員工則以更強烈的忠誠，回報公司提供的保護，希望盡一切可能來幫助公司。離開貝瑞威米勒的員工很少只是為了賺得更多薪資。

對人類來說，強大部落提供族人安全感，讓部落更強大、更有辦法適當因應外部世界的危險和不確定。優秀的領導者在艱困時期表現良好的原因顯而易見。他們的子民願意揮灑自己的鮮血、汗水和淚水，好讓部落、公司能成長茁壯。他們做這些並不是義務，而是因為他們想這麼做。也因此，強盛的部落與強大的公司能保證提供更大的安全感和保護給更多人，維持更久的時間。相反地，恐懼反而會傷害許多企業領導者，所以每次組織重整時，領導者總是宣稱自己正試圖推動創新和進步。

▋體內的化學物質應該求取平衡

讓我們感覺良好的化學物質對個人或群體來說都是生存的基本要素。根據人類的需求與工作環境，這些化學物質都扮演某種角色。多虧腦內啡，我們才能辛勤的靠體力完成工作。我們設定目標、專注做好事情的能力則來自多巴胺的激勵力量。讓我們覺得進步很好，努力去做。

血清素讓我們感覺到驕傲。當我們覺得自己關心的人有偉大成就、或我們做出令照顧我們的人驕傲的事情時，我們就會感受到這股驕傲感。血清素確保我們留意那些跟隨我們的人，並跟著帶領我們的人做出正確的事；催產素的神祕力量則有助於打造愛和信任的密切關係，幫助人類創造出強大

的關係，讓我們在下決定時可以完全放心，相信關心我們的人會站在自己這一邊。我們知道，如果我們需要幫助或支持，關心我們的人會不顧一切站在我們身邊。催產素讓我們身體健康，敞開心胸。從生物學來看，它讓我們更有能力解決問題。如果沒有催產素，我們永遠只有短期的進步。大幅進步需要結合大家解決問題的能力，互相信任。

就像人類的所有事情一樣，這不是完美的機制。這些化學物質爆發的數量並不一致，而且配給嚴格。它們有時會一起釋放出來，而且釋放的數量還不一定。甚至我們可以讓系統短路，讓身體因錯誤原因分泌不對的化學物質。腦內啡和多巴胺等自私的化學物質提供我們短期的獎賞，讓我們在適當的條件下上癮。血清素和催產素等無私的化學物質在人體裡需要時間發酵，但卻有可能在我們還沒享受到全部好處前就結束。我們都喜歡完成目標或贏得比賽的快感，但這種感覺不會持續。為了得到更多快感，我們需要贏得另一場比賽，並達成另一個更遠大的目標。愛、信任與友誼的連繫需要時間去感受。

本質上我們無法激勵其他人。我們的動機是由體內的化學物質誘發。我們的動機讓我們想重複使自己感覺舒服或避免壓力或疼痛的行為。我們唯一能做的事是創造一個讓正確化學物質能夠因為正確原因釋放出來的環境。如果環境正確、如果我們創造出可以讓人類發揮天性的組織文化，那團

隊裡每個人都會自我要求。

　　組織領導者的目標都是要找到平衡點。當多巴胺是主要的驅動力時，我們可以完成很多工作，但我們不論變得多有錢有勢，還是會感到孤獨和空虛。我們的生活變化快速，不斷尋找下一個快感。多巴胺無法幫助我們長久持續；如果我們生活在一個嬉皮公社中，催產素會爆發，但如果缺乏任何具體可衡量的目標或雄心，我們可能會否定自己，沒有成就感。無論我們多麼喜愛自己的感受，我們仍然會覺得失敗。再一次，目標就是要達到平衡。

　　然而，當系統處於平衡狀態時，我們似乎可以得到超自然的能力。勇氣、靈感、遠見、創意與同理心等等。如果這些物質都發揮作用，隨之而來的結果與感受會讓人驚嘆。

PART III

理想情況

9 勇敢做正確的事

「有多少靈魂在飛機上？」飛航管制員問到。就好像划著桅杆高大的木板船穿越地球一樣，這個古老的術語指的是飛機上有多少人。這是一架飛機宣布進入飛行緊急狀態時管制員會問的標準問題。

「126 個靈魂。」機長回答。

當煙霧開始湧入駕駛艙時，這班飛往佛羅里達的班機正在馬里蘭州上空，高度 3 萬 6000 英尺，以每小時約 560 英里的速度前進。機艙冒煙是飛行員面對最恐怖的緊急狀況，他們永遠不會知道冒煙的原因，他們不知道是不是火災，他們不知道緊急情況是否已經被控制住，還是會迅速蔓延到無法控制。煙霧會造成視線模糊或呼吸困難，肯定會造成乘客恐慌。不管怎麼看都是糟糕的狀況。

「中心，KH209。」在意識到麻煩發生後，機長用無線電聯絡地面控制人員。

「KH209，請說。」監控天空的飛航管制員回答。

「KH209，我需要馬上下降，我不能維持同樣的高度。」機長突然要求。

但有一個問題。另一架也飛往佛羅里達的班機就在這台飛機下方 2000 英尺處。美國聯邦航空總署（FAA）的規定

很簡單：兩架飛機在飛行途中距離不許在上下 1000 英尺、周邊的 5 英里內。這個規定的理由很充分。當飛機以 3/4 音速的速度飛行時，想要操控飛機不出現嚴重的碰撞風險非常困難。

更糟的是，兩架航班都朝目的地的狹窄航道上飛去。因為軍事演習，空中航道被限制在狹窄的頻帶間，就像高速公路上只剩一線車道。雖然還有其他航道，但上面都有飛機。

在機長請求立即下降的情況下，飛航管制員回答，「KH209，向右轉 15 度，然後下降。」

飛航管制員不僅下令飛機進入管制空域，他還要飛機下降，這意味會飛入 5 英里的緩衝區內。

現代飛機都配有碰撞警示器，當另一架飛機飛進 1000 英尺、5 英里的緩衝區內時就會提醒機長。當警示器響起時，機長知道時間有限，受過訓練的機長會對可能發生的災難立即反應。這兩架飛機的距離這麼近，精確來說，只有 2 英里，在 3 萬 4000 英尺高空的飛機一定會啟動碰撞警報。這會造成另一個問題。

但是，當天坐在控制台的飛航管制員經驗老道，他完全清楚當地所有飛機的動向。更重要的是，他也非常明白所有的規則和限制。他利用無線電跟另一架飛機的機長以清楚簡明的英語通話。「AG1446，有飛機在你上方。他已經宣布進入緊急狀態。他要下降到你的高度，大約在你右前方 2 英

里，他需要馬上下降。」

隨著這架遭遇麻煩的飛機一路下降、通過另外 3 架飛機的空域，同樣的訊息重複好幾遍。

在那個晴朗的日子，有 126 個靈魂在馬里蘭州得救，一切只因為有一位經驗老道的飛航管制員決定打破規則，讓人活命比維持疆界更重要。

2012 年，美國有超過 980 萬個國內定期航班，意思是說每天有約 2 萬 6800 個航班。這些數字真是驚人，這些數字還不包括每年往返美國的非定期貨運航班與國外航班。

每年有超過 8 億 1500 萬名乘客將生命交付給飛機機長、確保飛機安全的機械修復人員，以及訂定規則確保安全運行的美國聯邦航空總署。

當然還有飛航管制員。我們相信這群少數者可以遵守規則，確保所有飛機能持續安全穿越天空。但在 KH209 航班的案例中，管制員打破規則，違背確保我們安全而明確設定的底線。

這就是信任。我們不只相信人們會遵守規則，我們也相信他們知道何時應該打破規則。規則的存在是為了正常運作。規則的設計是在避免危險發生，並協助確保事情順利進行。雖然也有手冊規定如何處理緊急事件，但到最後，我們相信幾個人的專業能力，他們知道何時該打破規則。

提供機會讓成員全心投入工作的組織會孜孜不倦地訓練

成員。這種訓練不只是偶爾教你寫出更好的 PowerPoint 簡報，或是成為更有效的演講者，這些組織提供的是無止盡的自我提升機會。他們提供我們的訓練愈多，我們就能學到更多。我們變得愈來愈有經驗和信心，組織就更願意賦予我們愈來愈重的責任。最後組織裡我們的主管和同事願意信任我們，相信我們知道何時應該打破規則。

我們不能「信任」規則或技術。當然我們可以依賴它們。信任是種非常特殊的人性經驗，這是催產素針對其他人為了我們的安全與保護我們所做出的化學回應。真正的信任只能在人群中。當我們知道人們是主動且自覺的關心我們時，我們才能相信他們。一項技術無論多麼複雜精密，並不會關心我們，它只會對一組變數做出反應。而規則手冊無論多麼完整，也不可能考慮到所有的可能。

試想一下，如果我們每次都跟愛人吵架，對方總是用一組變數來回應，或者聽從規則手冊的意見，你認為關係會持續多久？這就是為何我們覺得官僚令人憤怒的原因。他們只是按規定行事，沒有考慮到這些規定的目的其實是幫助或保護我們。換句話說，他們不在乎。一個成功的人際關係沒有運算法則，無論是人與人間或是人與公司之間都一樣。

互相信任才會產生真正的社會利益。單向信任對個人或團體都沒有好處。企業主管相信員工，但員工卻不信任主管算什麼好公司？妻子信任丈夫，但丈夫卻不信任妻子這種結

合也不算有穩固的婚姻關係。領導者期望部屬信任他們是好事，但如果領導者並不信任部屬，這個機制終將失敗。想要讓信任能對個人與團體有好處，那信任就必須雙方共享。

領導者的責任是教導人們規則，訓練他們取得能力並建立信心。在這一點上，領導者必須後退一步，相信這些人知道自己在做什麼，並完成該做的事。在積弱不振的組織中，一旦缺乏監督，就會有許多人打破規則，謀取私利。這就是組織虛弱的原因。在一個強大的組織，人們會打破規則，因為這是為別人著想而該做的正確之事。

試想一下，當你看著家人登機，知道有合格的機長或飛航管制員會按照規定盡職工作，會不會覺得很安心？你知道機長或飛航管制員是為了拿到下一次獎金才做這些事，你會讓家人上飛機嗎？答案顯而易見。我們不信任規則，我們信任的是人。

領導者的責任是從上往下保護在下面工作的人。當人們覺得自己有權來做正確的事，即使這意味得打破規則，他們就更有可能做出正確的事。勇氣來自高層。我們有信心做出正確的事情，是靠我們覺得領導者有多麼信任我們而定。

如果好的人才被要求在糟糕的文化中工作、在領導者不放棄控制權的環境中工作，那麼發生壞事的機率就會上升。因為害怕陷入麻煩或丟掉工作，大家會更關心遵守規則，而不是做該做的事。發生這種情況時，靈魂就會失落。

10 順著天性，我們有最佳表現

承認吧，我們很棒，我們真的很不錯。我的意思是，我們是最棒的生物。這不是狂妄自大，看看周遭的世界，其他動物只是無所事事度日，尋找食物、按生物本能繁殖與生存，但我們不是，我們做的遠比生存或繁衍多很多，雖然這些事我們也做得很好。

我們發明、創立並實現地球其他物種辦不到的事。瞪羚不會興建金字塔，我們做到了。大猩猩搞不懂內燃機，我們辦到了。這是因為我們擁有讓人驚嘆的大腦新皮質，這部份的大腦讓我們與其他哺乳動物不同。正是大腦新皮質讓人類用理性與批判的思考能力來理解世界，並解決複雜的問題。正是因為大腦新皮質，我們才能用比其他物種更複雜的方式來說話和溝通。正是這種能力，讓我們可以把學到的教訓教給別人，使他們不必再重新學習我們已經學會的東西。每個世代都能以上個世代學到的東西為基礎，使我們在世界上創造真正的進步。這就是人類，我們是創造成就的機器。

然而，就像重要的大腦新皮質可以幫助我們做完事情一樣，大腦邊緣系統管理我們的感覺，包括我們的信任、合作，以及社交與建立強大社群的能力。正是大腦邊緣系統滋養驅動我們直覺反應與行動。它讓我們有能力與其他人形成

強烈的情感關係。這些強大的社交關係讓我們能共同努力，完成所有夢想。如果我們不能相互信任並攜手合作，不管有多聰明，我們會在年輕時孤獨死去。我們永遠不會感受到人際關係的喜悅，也不會感受到跟一群與我們分享共同價值觀和信仰的人在同個團體的感覺，或是感受到替其他人服務帶來強烈舒服的感覺。

雖然我們認為是我們的智慧讓我們更加進步，但才智並非萬能。我們的聰明才智給我們想法與指示。但我們的合作能力才是幫助我們完成工作的關鍵。在這個地球上，沒有什麼有價值的東西是一個人在沒有其他人幫助下建造完成。很少有什麼成就、企業或技術是由一個人在沒有其他人幫助或支持下完成。顯然，有愈多的人願意幫助我們，我們就愈能達成更多成就。

正是我們一起完成工作的能力創造出當今時代最大的一個弔詭。在我們追求進步的同時，我們無意間創造出一個愈來愈難合作的世界。這個殘酷諷刺的症狀在已開發國家很容易感受到。孤立與高壓的感受創造幸福商機。心靈書籍、課程，以及許多藥物創造數十億美元產值，幫助現代人找到難以捉摸的快樂，或至少是協助現代人減輕壓力。不過僅數十年的時間，跟心靈、勵志有關的產值已經成長到 11 億美元。心靈產業的最大成就似乎就是幫助它自己。

追求幸福與人際關係也讓我們開始尋求專業意見。在

信任像是潤滑劑。它可以減少摩擦，創造出有利表現的條件。

1950 年代，很少人會每週去看一次心理治療師。根據胡佛研究所（Hoover Institute）的資料，今天美國有 7 萬 7000 名臨床心理學家、19 萬 2000 名臨床社工、10 萬 5000 名心理諮商輔導員、5 萬名婚姻和家庭諮詢師、1 萬 7000 名心理治療師與 3 萬名生活教練。這個領域持續成長的理由是需求持續增加。我們愈試著讓自己感覺更好，似乎就愈糟。

只有少數員工可以在工作中感到滿足，得到真正的快樂，這其實是自己造成。我們建立的系統和建構的組織迫使人類無法在可以發揮最佳能力的環境工作。過量的多巴胺與皮質醇在不需要的時候大量分泌，趨動我們，導致人體的系統短路，鼓勵我們優先照顧自己，並猜忌別人。

如果人類是一輛雪地車，這意味著我們被設計在非常特殊的環境下運作。把一輛針對雪地設計的機器拿到另一個環境（例如沙漠）使用，這輛車就無法像在雪地上一樣運作良好。當然這輛雪地車還是可以跑。只是不會跑得那樣輕鬆，或是像在合適條件下跑得順暢。這就是許多現代組織的狀況。當進步緩慢或缺乏創新時，領導者就會胡亂擺弄這台機器。他們雇用人也開除人，希望能得到正確的人才組合。他們推出全新的獎勵政策，鼓勵手下的機器更努力工作。

　　灌下多巴胺這杯激勵的雞尾酒，機器的確會更努力工作，甚至可能在沙漠中跑得更快一點。但是，摩擦力也很強大。許多領導者沒有意識到問題並不在人，工作環境才是問題的癥結，對症下藥自然會水道渠成。

　　對社會動物來說，信任像是潤滑劑，它可以減少摩擦，創造出有利表現的條件，就像把雪地車移回雪地上。這樣做甚至可以在不對的條件下，讓動力不足的雪地車圍著馬力最強的雪地車繞圈圈。這跟團隊成員的聰明才智無關，他們的合作程度才是未來成功克服困難的真正指標。

　　信任和承諾因為深藏在我們大腦邊緣系統的化學物質被釋放出來，這是我們自身的感受。正因為如此，它們很難測量。就像我們不能只告訴別人要快樂，就期望他們會快樂，我們也不能只告訴別人要信任我們，或是許下什麼承諾就期望他們會照辦。在讓人感覺到任何忠誠與貢獻之前，我們還需要做許多事。

　　為了讓人們建立深厚的信任與承諾，有些基本原則是所有組織領導者都必須遵守的。而且要用非常「不多巴胺」的方法，這需要時間、精力和意志力才能順利運作。

　　這就引出一個問題：我們是怎麼讓自己落到這種處境？

PART IV

失衡的世界

11 崩盤前的榮景

真是美好的年代，人人都賺到錢，而且人人有錢花。事實上，美國總財富不到 10 年內就增加到 2 倍多。新技術與新媒體讓新聞和思想傳播比以前快。的確，這些都是前所未見的時代。這不是 1980 或 1990 年代，而是 1920 年代，咆哮的 1920 年代。

第一次大戰結束後，美國第一次真正變成一個消費社會，美國人變得更富裕，財富帶來美好時光。可支配的收入拿來買奢侈品和新技術，包括那些可以提高人類生活品質的新發明。電冰箱、電話、汽車和電影都在 1920 年代問世，逐漸普及。別忘了，還有剛誕生的新媒體。1920 年美國只有一個商業電台：匹茲堡的 KDKA。3 年後，全美國有超過 500 家廣播電台；1920 年代結束時，全國共有超過 1200 萬戶家庭擁有收音機。

這個全新的媒體把新聞播送到全國，前所未見。全國性的廣告也開始大量播放，以前這是不可能發生的事。連鎖店、廣播的普及意味著在美國東岸的人，現在可以跟西岸的人購買同樣的東西。隨著電影的產生，愈來愈多媒體將報導集中在電影明星和體育英雄的生活上。我們夢想過著像他們一樣光鮮亮麗的生活。有全國的關注，名人不再是成功的副

產品，名氣成為一種取得強人地位的新方式，那是人人充滿抱負的時代。

多虧有這些新技術和現代化的便利設施，這段期間也產生新的產業。就像網路創造出 IT 顧問的需求，汽車業創造出加油站的需求。這聽起來讓人聯想到現代對新科技、新媒體、新產業名人生活的狂熱癡迷，還有興起的財富主義和消費主義，以及明顯的過度浪費，一切都太過頭。

接著發生一件事讓這一切突然停擺。儘管人們試圖扳倒自然規律，但總是會出現修正。大自然厭惡不平衡，沒有什麼能永遠成長。因此儘管人們期望好時光永遠不會結束，但在 1929 年 10 月 29 日，股市出現「黑色星期二」的巨大「修正」。股市被過分高估，終究得在某個時間自我修正，再次找回平衡。雖然修正並不少見，但這次的修正幅度大到引發經濟大蕭條（Great Depression）。這段期間的股票市值蒸發近 90%，失業率飆漲到 1/4 的美國人失業。

跟他們的父母不同，1920 年代出生的美國人大都沒有真正享受到 1920 年代的風華。他們在美國歷史上最嚴苛的時期長大。以人類學的觀點來看，當資源稀少時，這個世代學會一起努力，互相幫助，量入為出，不會浪費和過度。經濟大蕭條持續 10 多年，直到快到 1942 年才結束。1941 年 11 月 7 日發生珍珠港事件，迫使美國加入第二次世界大戰，也把美國從經濟大蕭條中拉了出來。

　　在美國經濟最艱困時期長大的世代接著被徵召入伍、送到國外與希特勒的軍隊作戰，全美國從經濟大蕭條直接轉進一場戰爭。

　　美國加入二次世界大戰時約有 1 億 3300 萬人，其中約 1600 萬人進入戰場。佔人口 12％。今天美國超過 3 億 1500 萬人，但軍人還不到 1％，包括現役軍人、文職軍人、國民警衛隊，以及儲備部隊。當然，時代不同，現在也沒有世界大戰。在第二次世界大戰期間，由於從軍的人很多，每個人幾乎都有朋友在軍中服役，許多父母也看著兒子上戰場。可是今天因為多數人沒有軍人朋友，我們很難理解軍人如何從事無私的服務，保持強烈的投入。

　　不像現在的軍事衝突，第二次世界大戰並不是發生在遠方的一場戰爭，不是我們在電視或電腦銀幕上觀看的戰爭，這是一場觸及大部分美國人生活的戰爭。整個國家都被捲入戰爭中。根據肯・伯恩斯（Ken Burns）與林恩・諾維克（Lynn Novick）以二次大戰為主題拍攝的紀錄片《戰爭》（*The War*）指出，美國有 24 萬人因為從事國防工作而遷居。數百萬婦女、非裔與拉丁裔美國人找到前所未有的工作機會。許多人買戰爭債券來資助戰爭。戰爭債券讓不能從軍的人覺得自己也是這場戰爭的一分子。然而買不起戰爭債券就打理勝利花園，栽種水果和蔬菜，幫助減輕糧食配給的負擔。這就是為何我們稱這個世代是「偉大世代」（Greatest

Generation）的原因。因為他們不會浪費和過度消費，他們承受苦難並提供服務。

　　這不是坐下來抱怨，舉手辯論該不該參戰的時候，這是全美國都要團結一致的時刻。根據《生活雜誌》（*Life*）在 1942 年 11 月發表的一項民意調查指出，超過 90％的人認為美國應該繼續打仗。這個世代在戰前就以壓倒性多數支持徵兵制，並一直相信在戰爭結束後，還要進行強制性的軍事訓練。每個人都把服務當信仰。幾乎每個人都以某種方式或形式來為其他人的利益犧牲與服務。幾乎所有的美國人都覺得自己是實踐偉大理想的一分子。

　　美國終於贏得勝利，在沙場上倖存的人回來慶祝，參加遊行和派對。但慶祝活動不只是為了這些冒著生命危險在前線作戰的人，還為所有曾以自己的方式參與犧牲的人。幾乎人人都分享這種隨著盟軍勝利而來的成就感，有種鬆口氣的感覺。他們理當慶祝，因為努力贏得這個感受。

　　當戰爭被拋諸腦後，經濟開始蓬勃發展時，那些生長在經濟大蕭條時期、接著又被送上戰場的偉大世代，認為自己已經錯過青春，許多人覺得自己的生命已經有這麼多時間花在犧牲奉獻上，因此想試圖拿回一些已經失去的東西，於是他們投入就業市場。

　　這個世代了解努力工作的重要、合作的必要，以及忠誠的價值，他們知道該如何完成工作。他們一生只奉獻給一家

公司、而企業也期待員工在公司工作一輩子。在漫長的職業
生涯結束時，員工會得到刻字的退休紀念金錶，這是公司感
謝他們將一生投入服務的終極象徵，這種模式在某個期間運
作良好。

嬰兒潮大軍

　　每個世代似乎都會對上一代困惑甚至反抗。每個新世代
都會創造出一套價值觀與信仰，這些是由年輕時發生的事
件、經驗與科技發展形塑而成，而且往往與父執輩的價值觀
與信仰有些不同。當人口穩定成長時，世代間的拉扯、新世
代想改變一切的衝動與舊世代想維持現狀的欲望，就像是個
相互制衡的系統。它自然提供一個張力，確保我們不會打破
一切規則，但同時還是能與時俱進。一個單一而不受挑戰的
權力很少是件好事，就像在企業中有高瞻遠矚的領導者和作
業員，國會有民主黨和共和黨，地緣政治上有蘇聯和美國，
甚至在家裡有爸爸和媽媽。兩股對立的力量、推拒拉扯的張
力可以讓事情變得更加穩定，這都與平衡有關。

　　但是第二次世界大戰結束時，一件事打壞正常的制衡系
統。自然秩序的中斷讓美國意外走上新的路線。從戰爭歸來
的人們大肆慶祝、慶祝、再慶祝。9個月後開始出現美國史
上前所未見的人口成長時期：嬰兒潮世代（Baby Boom）。

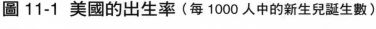

圖 11-1 美國的出生率（每 1000 人中的新生兒誕生數）

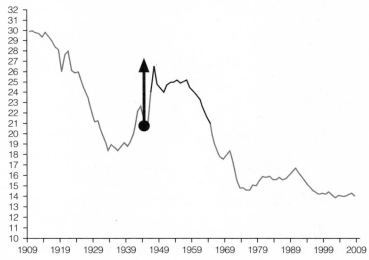

　　1940 年有 260 萬兒童出生，1946 年有 340 萬人出生。第一次世界大戰結束時曾出現一小波新生兒熱潮，不過到第二次世界大戰後，龐大的嬰兒潮才推翻平衡，而經濟大蕭條和戰爭期間相對低的出生率也加劇這樣的不平衡。（見圖 11-1）

　　嬰兒潮世代的結束時間通常被認為是 1964 年，那年的出生人數是 10 多年以來首度跌破 400 萬。總而言之，嬰兒潮讓美國增加 7600 萬人，成長將近 40％（相較之下，1964 到 1984 年的人口成長還不到 25％）。

圖 11-2 美國平均收入

萬美元

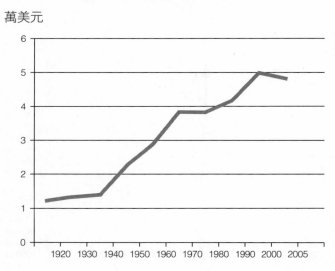

劇烈變化還不只這樣。嬰兒潮世代的父母在經濟大蕭條和糧食配給的戰爭年代長大，但嬰兒潮世代是在漸漸富裕和繁榮的時代長大。從戰爭結束時開始，美國的財富和國內生產毛額只有穩定成長。（見圖 11-2）對所有的嬰兒潮世代來說，這是一件好事。曾經打仗或犧牲的父母，現在能給孩子的是與自己完全相反的生活。如果說偉大世代的特徵是服務其他人，那嬰兒潮世代一開始就是走自己的路。由於我們的財富和心態改變，我們開始從一個奮力保護某種生活方式的國家，轉變成保護自己偏好的生活方式的國家。

在有錢父母的保護下長大，第一批嬰兒潮在 1960 年代成為青少年。就跟所有表現良好的青少年一樣，他們反對父母要他們努力工作、將一生貢獻給一份工作或一家企業，直到拿到退休金錶為止。他們拒絕寧靜的郊區生活，以及父母對物質財富的重視。《天才小麻煩》(*Leave It to Beaver*)（**編註：1950 年代末期在美國很受歡迎的電視喜劇，反映出當時住在美國城市郊區中產階級的家庭生活**）不是他們認為的「美好生活」，個人主義、自由戀愛與自戀才是。

然而在 1960 年代的美國，嬉皮選擇過比基本需求還簡單的生活，只因為一個簡單的事實：在美國這個國家，我們擁有的東西比需要的還多。別誤會我的意思，我不是說偉大世代完美無瑕。事實上他們有些嚴重的問題。當美國人努力把世界從納粹暴政中拯救出來的同時，他們也支持種族主義和性別不平等。美國夢的和諧畫面有個前提，你要是白人、基督徒和男性。在當時，美國婦女仍不被認為有資格從事公職，或是擔任高官。直到 1964 年的「民權法案」(the Civil Rights Act) 通過後，非裔美國人才成為正式公民，而這是戰爭結束 20 年後。即使如此，這個法案在參議院投票時，仍得到近 30% 的反對票。

當嬰兒潮世代還年輕時，是他們強迫一心想維護不健康且不公平現狀的老一輩接受公民權利。事實上的確也是年輕的嬰兒潮世代要求女性拿到更高的工資，並拒絕盲目接受社

　　會普遍存在的性別不平等現象。如果他們持續走這條路，他們可能會成為第二個偉大世代，但結果並非如此。

　　當規模大到不成比例的嬰兒潮世代開始變老時，他們改變路線。這就是開始出現問題的時候。成熟的嬰兒潮世代開始以更自私的方式做事，他們現在開始保護他們熟悉的世界，這個財富不斷成長的世界。

　　到了 1970 年代，長大的嬰兒潮世代已經從大學畢業，開始進入職場。在這個被越戰和水門事件貼上標籤的 10 年間，美國總統尼克森（Richard Nixon）讓這個世代看到不祥的前兆。他在自私野心下所做出的決策，說好聽是不道德，說難聽一點就是違法。

　　嬰兒潮世代目睹的事情更加強他們早期的信仰，例如「政府不可信任」、「我們必須自己照顧自己」，以及「我們需要改變事情的決定方法」。別管現狀，嬰兒潮世代嚮往自我實現。他們都有一個精神導師，就像我們今天去健身房一樣普遍。他們學會跳迪斯可，穿著聚酯纖維做的衣服。他們就像著名作家湯瑪斯·沃爾夫（Thomas Wolfe）在 1976 年《紐約雜誌》（New York）形容：這是「我」的時代，這成為這個世代的定義。他們似乎更關心自己的快樂和幸福，而不是旁人的快樂或幸福。

　　隨著嬰兒潮世代年歲增長、開始進入工作職場，對經濟帶來貢獻，他們也帶來自我中心與玩世不恭的態度。跟之前

不同的是，前一個世代的人數遠遠少於這群新興的「我在大家前面」的世代，因而很難平衡新世代的想法。

1970 年代末期，企業管理的新理論開始出現。越戰、美國總統醜聞、石油危機、全球化的興起，以及 1970 年代末發生人質危機的伊朗革命，讓經濟理論在本質上變得更具保護主義。他們往往把重點放在如何保障財富增加，而不是分享或利用財富來支持國家重要政策，例如認購發行的戰爭債券。服務其他人這種國家認同逐漸被服務自己的想法取代，服務自己變成優先事項。

在這段期間，美國的家庭財富持續飆漲。國內生產毛額從 1965 年 3 兆 8700 億美元成長到 1970 年 4 兆 7000 億美元，1980 年更成長到 6 兆 5200 億，15 年成長 68 %。（見圖 11-3）這看起來像一路向上陡升的斜坡，路上幾乎沒有顛簸。不論是從個人或國家來看，美國人都變得愈來愈富裕。雖然最富有的美國人相較於一般美國人以快得不成比例的速度致富，但即使是最貧窮的美國人，財富至少都維持不變，甚至還有小幅增加，重點是沒有什麼人明顯很窮。

隨著 1970 年代結束，美國人開始換下喇叭褲，改穿會員限定的夾克，也開始拆掉他們蓬亂的毛絨地毯。嬰兒潮世代變成熟，他們開始在企業和政府中擔任高階職務。嬌生慣養的嬰兒潮世代沒吃什麼苦就在把自己放在第一的社會中長大，現在開始取得影響政治、商業和經濟理論的地位。值得

圖 11-3 美國國內生產毛額

兆美元

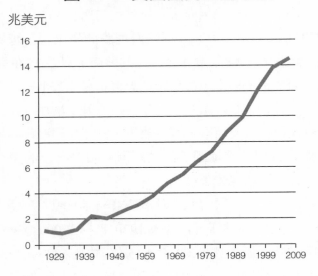

一提的是，正因為嬰兒潮進入，國會關係才真正受到影響。
對立的兩黨議員雖然也上演今日國會相同的劇碼，但直到
1990 年代初期都還能以達成協議為目標坐下來商談。他們
可能不同意，但至少嘗試過。在大多數情況下，他們的舉止
文明，他們的孩子一起上學，家人也互相認識。他們甚至在
週末還有社交活動，因此國會可以繼續運作。

　　嬰兒潮世代則比那些制衡的反對力量更強壯、更有力。
缺乏平衡力量的結果，讓這群人的衝動和欲望難以箝制，嬰
兒潮世代開始把意志強加給周遭世界。雖然他們身邊也有聲

音告訴他們不能這樣做，但反對的力量寡不敵眾。在 1980
和 1990 年代，這些被形容為「衝擊波」（shockwave）或
「蟒蛇腹中的豬」（the pig in the python）的嬰兒潮世代，由
於有龐大的規模和力量，他們開始改造社會，完全掌控一
切。

12 嬰兒潮世代

　　到了 1980 年代，美國不再是一個想辦法團結人心、贏得戰爭的國家。美國人要思考如何利用這不可思議的繁榮年代，這就是咆哮的 1980 年代。

　　這段期間有許多人提出新的經濟理論來保護嬰兒潮世代累積起來的財富，這是另一個典型的過度現象。如果說收音機、汽車和電冰箱是 1920 年代「必備」的東西，1980 年代流行另一種新技術。IBM 個人電腦、MS-DOS 作業系統、蘋果麥金塔電腦，以及微軟視窗作業系統使得個人電腦興起和普及。「讓每張桌上都有電腦」正是微軟的年輕創辦人比爾‧蓋茲（Bill Gates）的夢想。我們不再需要去工作才有力量，我們在家裡就有力量。一個人可以跟企業競爭，就算是當時的新科技都支持人們追求更多個人主義的欲望。

　　我們也變得愈來愈可以接受生命周期較短的產品，如1980 年代即可拍相機與可拋棄式隱形眼鏡。可拋棄商品讓企業競相投入，這是另一個過度的現象，我們實際上是在尋找更多可以丟棄的東西，所以我們也開始在思考另一個可以丟棄的東西：人。

▍大舉裁員

事情發生在 1981 年 8 月 5 日，美國總統雷根開除超過 1 萬 1000 名的飛航管制員，因為當時的飛航管制員工會（PATCO）要求更高的工資和更短的工時，跟美國聯邦航空總署發生惡性勞資糾紛。談判破裂後，工會威脅罷工，打算在最繁忙的旅遊旺季期間癱瘓機場，導致上萬航班取消。

可是 1947 年通過的爭議法案「塔夫特—哈特萊法案」（Taft-Hartley Act）規定這是非法罷工。因為法案禁止任何會對不涉及糾紛的人造成不公平傷害的罷工，或是對整體社會利益造成負面影響的罷工（所以警察與急診室護士禁止罷工）。這樣的罷工所造成的傷害，被認為比薪資或工時不公受到的委屈還嚴重。

因為談判破局，更糟的是，雙方完全沒有交集，所以工會成員在 8 月 3 日拒絕上班。因為這會對國家造成影響，所以雷根總統親自介入，要求飛航管制員回到工作崗位。同時政府也執行緊急應變方案，徵召非工會成員的主管、一小群選擇不罷工的飛航管制員，還有軍方的飛航管制員來彌補空缺。雖然這不是完美的解決方案，但這些臨時代班的人讓大部分航班保持正常。罷工的影響沒有預期嚴重，所以在 1981 年 8 月 5 日，雷根總統解雇 1 萬 1359 名飛航管制員，幾乎把當時替美國聯邦航空總署工作的每個管制員都開除。

可是事情並沒有因此結束，雷根還禁止罷工的管制員回到美國聯邦航空總署工作，這項禁令直到 1993 年才被柯林頓總統（Bill Clinton）解除。那一天被開除的飛航管制員很多都是退伍軍人（他們在軍中學到這項專業）或努力工作賺到中產階級收入的公務員。因為禁令再加上他們的技能事實上很難轉業（除了美國聯邦航空總署，沒有其他公司對飛航管制員有這麼大的需求），結果他們當中有很多人因此陷入困境。

為了舒緩國家面臨的短期緊縮狀態，雷根總統在不經意間創造一個全新且更為持久的影響。他開除所有飛航管制員的決定給了企業領導者一個訊息，他無意間贊同「利用大規模裁員來防止短期經濟混亂」這種迅速、甚至具侵略性的決定。雖然我確定這並非雷根的本意，但有些急切的企業執行長卻把這個做法詮釋為允許企業做出同樣的舉動。現在開始，在保護人們之前先保護商業。結果，過去限制執行長的社會傳統，一瞬間就消失了。

有了高層的默許，大舉裁員來美化財報的做法更加頻繁出現。1980 年代前已經有裁員存在，但通常是企業的最後手段，而不是初期的選項。現在我們進入一個甚至連論功行賞都不重要的時期。不管你如何努力工作、犧牲奉獻，或對公司有什麼貢獻，都不必然會保障工作穩定。現在為了讓帳目好看，任何人都可能被解雇。只因為公司要數字，就結束

員工的職業生涯。保護金錢被保護人民取代，成為新的經濟理論。在這種情況下我們怎麼能安心工作？如果老闆無法承諾我們的工作保障，我們怎麼承諾持續投入工作？

把數字或資源放在人們前面的概念，對人類學家認為領導者應該提供保護的理論造成直接衝擊。就像父母照顧汽車比照顧孩子還用心一樣，這撕裂家庭的根本結構。這種對現代領導者的新定義，嚴重破壞人類與企業（甚至是社會）的關係，對家庭關係也一樣。

從 1980 年代開始，公家機關與產業界都屈服在這種新的經濟觀點。消費產業、食品業、媒體、銀行、華爾街金融業，甚至美國國會都在拋棄他們因服務而存在的理由，轉而把自私自利當成優先事項。掌握權力和責任的人更容易讓外界的人（有時是毫無關聯的人）影響他們的決策和行動。他們同意提供商品來滿足外界需求，這些領導者的行為像是追隨者一樣，也許可以獲得預期的利潤，卻傷害他們聲稱要服務的人群。長期思維讓位給短期思維，自私取代無私，有時甚至還高舉服務之名，但所謂的服務只是空洞的名稱罷了！

領導學上新的優先觀念動搖信任和合作賴以建立的根基，這與自由經濟市場提到的限制無關，我們忘記人，忘記這些會呼吸、活生生的人，在企業創新、進步、擊敗競爭對手中扮演更重要角色的人，在我們把目標鎖定在數字競爭上時，人已經不再被視為是最寶貴的資產。

　　其實把績效放在人前面優先考慮，反而會破壞自由市場經濟。

　　企業能為客戶提供更好的產品、服務和體驗，才能多增加這些產品、服務和體驗的需求。在市場經濟中競爭的方法，沒有什麼比創造更多的需求，並掌控更多供給更好了。這一切都歸因於替企業工作的員工意願。更好的產品、服務與體驗通常是懂得發明、創新或提供這些東西的員工創造出來的結果。一旦把人放在優先順位清單的第二位，大宗商品化就會取代差異化，這樣創新就會減少，靠價格、短期策略等要素來競爭的壓力就會增加。

　　事實上，有愈多分析師研究的公司，就愈不具創新力。根據 2013 年《財務金融期刊》（*Journal of Financial Economics*）的一份研究指出，愈多分析師研究的企業申請的專利數量愈少，而且這種公司取得的專利，重要性也往往比較低。這項證據支持這樣的概念：「分析師施加太大的壓力給經理人，要求他們達成短期目標，反而阻礙公司對創新計劃的長期投資。」簡單地說，一家上市公司的領導者如果感受到更大的壓力，他會想辦法滿足外界特定人士的期望，那公司推出更好的產品和服務的能力就愈可能減弱。

人類當今的工作環境，有太多阻礙我們相互信任和合作天性的傾向。

▌ 當領導者先吃時

　　自從嬰兒潮世代接手管理企業和政府的運作，我們經歷3 次嚴重的股市崩盤。一次是 1987 年一段過度投機時期之後的修正，因為過度依賴電腦軟體而不是透過與人交流所產生的結果。第二次是 2000 年網路泡沫破裂。第 3 次則是 2008 年過度炒作房市崩盤之後。從 1920 年代過度高估股市之後發生的經濟大蕭條到 1987 年，股市不曾崩盤。如果我們不設法修正失衡的情況，自然法則總是會替我們修正。

　　人類在資源有限、危險四伏的情況成長，可是當資源充沛、外在危險減少之後，我們傾向分享與合作的天性變複雜了。當我們擁有不多的時候，往往會更敞開心胸分享自己擁有的一切。阿拉伯貝都因游牧部落（Bedouin）或蒙古家庭擁有的東西不多，但他們樂於分享，因為這樣做符合他們的利益。如果你碰巧在旅行中遇上他們，他們會打開家門，用食物和熱情來歡迎你。這不僅是因為他們的人很好，也因為他們靠著共享生存。他們知道自己有一天也可能是需要食物和庇蔭的旅人。諷刺的是，當我們擁有愈多，我們的圍牆就築得愈高。我們保護自己避免受其他人傷害的安全機制就變

得更加複雜，分享愈來愈少，追求的欲望愈來愈多，再加上與「一般人」的實體互動減少，我們開始與現實脫鉤，對現狀盲目。

不幸的是，我們現在的工作環境有太多阻礙我們相互信任和合作的天性。我們的企業和社會建立起一組新的價值觀和規範。這個由多巴胺驅動表現的系統獎勵個人成就，卻以血清素和催產素驅動的鼓勵合作、建立信任和忠誠關係的平衡效果為代價。正是這種失衡導致股市崩盤；正是這種失衡的企業文化影響大型組織的穩定性。安隆（Enron）、泰科（Tyco）、世界通訊（WorldCom）與雷曼兄弟（Lehman Brothers）只是幾個例子。這幾家規模很大的「穩定」組織都因為企業文化失衡而崩潰。人們似乎並不努力想要改變這種系統，因此惡性循環持續，我們的健康出現危險，我們的經濟出現危險，企業穩定也出現危險，誰知道還有哪些地方也出現危險呢？

人數眾多的嬰兒潮世代意外地創造出一個失衡的世界。歷史再三證明，不平衡的狀況會忽然猛力地自我修正，除非人類夠聰明，能緩慢且有條不紊地調整過來。然而，由於我們現在傾向追求即時滿足，加上有著脆弱的安全圈，我們的領導者可能沒有信心和耐心去做該做的事。

顯而易見，我們不能把今天面對的弊病一股腦地怪到整個世代頭上，我們也不能責怪某個產業、某個執行長或「企

業」。這不像漫畫書有個試圖接管世界的頭號敵人,可以鎖定目標推翻它。然而今日經營企業缺乏同理心與人性,企業裡有聰明的主管在負責營運和管理,卻似乎明顯缺乏強而有力的領導者來帶領員工。

正如貝瑞威米勒的執行長查普曼總愛掛在嘴邊的:「沒有人早上醒來上班會希望有人來管理我們,我們早晨醒來上班總是希望會有人來領導我們。」問題是,要領導我們,就必須要有讓我們想要追隨的領導者。

▌去人性化

我們的內部系統雖然複雜而凌亂,但意圖卻相當直接。我們的化學物質獎勵系統是生活在小團體時的設計,那時資源有限,外界有很大的危險圍繞。我們認識所有與我們生活和工作的人。我們共同努力得到需要的東西,我們也共同努力互相保護。

現在的問題是,我們創造一個需要與想要都很豐富的世界,但我們並不太會處理「豐富」這種狀態。這會讓我們的系統短路,而且實際上會損害我們與組織。豐富本質上不會對我們有害,它的破壞性在於會把事物抽象化。我們擁有愈多,就愈不會珍惜擁有的一切。如果事物抽象化之後,價值就會降低,可以想像這會對人際關係造成什麼影響。

　　今天企業的規模有時實在大到我們無法了解企業的意義。從本質來看，規模會創造距離；而當有距離時，人的概念就會開始失去意義。消費者就是這樣，消費者只是一個抽象的人，我們希望他們能消費我們提供的所有東西。我們嘗試猜測這個「消費者」想要什麼，好讓他們能消費更多東西。我們會持續追蹤許多指標，更有效地管理經營流程。當我們的流程、指標和規模不斷擴大時，我們會用科技來協助我們用更快的速度與規模來營運。換句話說，最終使用者，人類，跟原來應該要服務他們的人變得疏離，又變成另一個需要管理的指標。這個距離愈遠，或是我們做愈多把抽象化狀態放大的事情，我們就愈難將彼此視為人。我們需要管理或限制的不是豐富的狀態，而是抽象狀態。

　　我們不再把彼此看成人。我們現在是客戶、股東、員工、虛擬人物、網路上的資料、網路代碼、電子郵件地址，以及被追蹤的費用支出報告。人類已經被虛擬化。跟過去都不同，現在我們周圍變成陌生的世界，我們試圖努力工作和生活，讓自己具備生產力，並保持快樂。但問題是，抽象化卻可能不只對經濟有害，它還可能致命。

PART V

抽象的挑戰

13 沒有人性的抽象狀態

「讓我離開這裡！」他喊著，「讓我出去！讓我出去！」他被關在一個沒有窗戶的小房間裡，捶打著牆壁希望得到別人注意。「你沒有權利把我關在這裡！」他尖叫。

那天找來幫忙的人在控制台上緊張起來，他可以聽到其他房間傳來低沉的認罪聲。他看著看管的人，好像那個人要說的話還不夠明顯，他說，「他很痛苦的樣子。」

但看管的人沒有任何表情，什麼都沒有。他只說一件事：「你必須繼續這個實驗。」因此找來幫忙的人轉身回頭看著控制台，自言自語地說，「這得繼續下去，這得繼續下去。」他打開開關，再度對在另一個房間的陌生人電擊。

「你沒有權利把我關在這裡！」房間的人再度大喊，但沒有人回答他，實驗繼續進行。「放我出去！」他繼續歇斯底里地尖叫。「我的心臟很不舒服！讓我出去！」然後突然間尖叫停止，實驗結束。

隨著第二次世界大戰走向結尾，希特勒（Adolf Hitler）、希姆萊（Heinrich Himmler）與戈培爾（Joseph Goebbels）等幾個建立納粹的主要人物藉由自殺來逃避追捕。其他人則逃不開司法審判，因為他們在戰爭期間進行系統性種族滅絕。24 名遭逮捕的資深納粹軍官被認為泯滅人

性，判處重刑。他們大部分的人都因為執行大屠殺被叛刑。不過有一個人卻在紐倫堡大審中缺席。

納粹武裝親衛隊大隊長（Nazi SS-Obersturmbannführer）阿道夫・艾希曼（Adolf Eichmann）在大屠殺中負責圍捕和運送大批猶太人和其他要消滅的族群，他負責將無辜的男人、婦女、兒童、年輕人與老年人送到死亡集中營。戰爭結束後，他利用偽造文件順利逃離德國，流亡阿根廷。有 15 年的時間，艾希曼以理查多・克萊門特（Ricardo Klement）的假名在郊區過著正常生活。直到 1960 年才被以色列特工抓到，並帶回耶路撒冷接受審判。

艾希曼的落網重新點燃大屠殺為何會發生的爭論。僅是幾個扭曲的心靈不可能犯下這規模龐大的種族滅絕罪行。策劃、組織與後勤補給工作龐雜，就算不需要上萬人幫忙，也要數千人。各級士兵都必須參與執行真正的犯罪行為，而數百萬德國老百姓則故意視而不見。

有人認為這是一種集體意識，整個族群放棄所有的人性與道德。有人看法不同，戰後許多納粹黨員與德國人常自我辯解，「我們別無選擇，我們只是奉命行事。」無論是該負責的高級官員，還是試圖在戰爭劇變後重建日常生活的一般士兵和平民都會把責任推給上級主管，避免承擔責任。這是為什麼他們會對子孫說：「我們只是奉命行事。」

耶魯大學心理學家史丹利・米爾格蘭（Stanley

Milgram）想要更進一步了解人類是否跟旅鼠一樣，一旦碰到地位比我們高、位高權重的人命令我們進行完全違背道德準則與違背是非概念的事情，我們是不是只會服從？當然如果是小事情有可能，那碰到大事情呢？

所以艾希曼在以色列的審判後幾個月，米爾格蘭設計一項實驗來了解人類對權威的服從。這個實驗相當簡單，每次找 2 名志願者，一個扮演老師，另一人扮演學生。扮演學生的人其實是參與實驗的另一位科學家（為了分配角色，真正的志願者被要求從一頂帽子中抽出一張紙條，決定他們是老師或學生。事實上這兩張折起來的紙片上寫的都是老師，只是讓志願者有錯覺以為他們隨機選到這個角色）。

扮演老師的志願者從報紙廣告招募。他們被告知要參與一項討論記憶與學習相關性的研究，他們被要求坐上有一整排開關的控制台，並問學生一連串的問題，如果學生答錯或拒絕回答問題，老師就要打開控制台上的開關，電擊學生。事實上每次的電擊都很輕微，只有 15 伏特，目的只是讓他們有電擊的感覺。

控制台上有 30 個開關，從 15 伏特到 450 伏特，每個開關間隔 15 伏特，因此老師十分清楚電擊造成的衝擊。為了確保老師理解電擊的嚴重程度，在 15 到 75 伏特的開關標示「輕微電擊」，75 到 120 伏特標上「中度電擊」。135 到 180 伏特標上「強烈電擊」，然後是「非常強烈」、「劇烈電擊」

與「極端電擊」，375 到 420 伏特標示「危險：超量電擊」，最後是 435 與 450 伏特的開關被塗上紅色，僅有簡單的「XXX」標示。這些開關的意義完全不會被操控者搞混。

這 160 名志願者在實驗中被分為 4 組，每組各有 40 名志願者。在第一組，扮演學生的科學家坐在老師旁邊，老師必須親自把學生的手放在電擊板上。另一組的學生跟老師則在同個房間裡，老師可以看見和聽到學生被電擊的反應，每次打開開關決定電擊的影響明確可見。

另外一組學生被關在其他房間裡，雖然老師無法看到電擊的影響，但可以清楚聽到學生的抗議和尖叫聲穿過牆壁。在這幾組中，老師都可以聽到扮演學生的科學家一開始假裝不舒服，然後隨著實驗發展出現尖叫並懇求把實驗結束的聲音。「住手！」他們尖叫，「這很痛！」此外，還有最後一組的學生被關在另一個房間，除了捶打牆壁的聲音以外，老師看不見也聽不到學生受到電擊的反應。

正如預期一樣，所有志願者都表示關切。當他們意識到並相信自己造成學生痛苦時，他們會抬頭看著站在旁邊、穿著白色實驗衣、手中拿著記事板的科學家，詢問是否應該繼續，儘管他們已經知道學生的痛苦。當志願者第一次表示願意停止實驗或不想再參與實驗時，科學家會說：「請繼續。」如果志願者第二次表示停止實驗的想法，科學家還是會說：「這項實驗需要你，請繼續。」

　　當他們繼續實驗，啟動愈來愈強的電擊時，有些志願者會開始緊張，非常緊張。他們開始冒汗和顫抖。雖然非常不舒服，但大多數人仍繼續進行實驗。在第 3 次提出停止實驗的要求時，科學家會冷冷地回答：「你必須繼續這個實驗。」在第 4 次的抗議之後，科學家只會簡單的回答，「你沒有其他選擇，必須繼續下去。」如果他們再表達任何抗議，實驗就會立即中止。

　　你認為自己會讓實驗進行到什麼程度？在造成別人多大的痛苦後，你才會住手？大多數的人會說自己不會做得太過火，而且相信自己在嚴重傷害學生之前就會早早住手。科學家也預期會有同樣的結果。實驗前，他們預測 2％到 3％的人會一路做下去，這些人會顯露出心理變態的傾向，但實際結果卻讓人害怕。

　　當志願者必須親自把學生的手放在電擊板上時，70％的人會在電擊還沒有很嚴重傷害的時候退出實驗。當志願者與學生在同一個房間裡，但沒有實際接觸的時候，這個比例小幅下滑，有 60％的人拒絕繼續。但當他們既看不見也聽不到學生哭喊的時候，只有 35％的人拒絕繼續。這意味有65％的志願者會完成整個實驗，按下最嚴重的電擊開關，意圖致人於死。

　　這項實驗被批評不道德，理由很充分，因為有將近 80 人當天早上還覺得自己是好人，但回家後卻知道自己有能力

殺人。雖然他們曾表示關切、雖然他們覺得很緊張、雖然他們覺得自己的行為可能會造成負面結果，甚至會很嚴重，但大多數的人還是繼續進行實驗。

這個實驗的結論是，儘管志願者認為學生可能受傷或有更糟的狀況，但他們只關切自己會不會有罪，並堅持這不是他們的責任。沒有一名志願者對學生的健康表示關切，沒有人要求看房間的狀況，他們更關心自己的狀況。

最後志願者聽取簡報，讓他們看到扮演學生的科學家身體狀況良好，沒有受傷。科學家跟他們保證沒有人被電擊。有些服從命令、把實驗一路做到完的人現在對所做的一切感到後悔，他們覺得自己有責任。相反地，其他人則指責科學家來為自己辯解。他們說，如果這些學生真有什麼三長兩短，也是主控者的責任，跟他們無關，畢竟他們只是聽命行事。有些人甚至把責任推到學生身上。「他也太過愚蠢和固執，」一名志願者用這種方式來合理化自己的行為，「他活該被電擊！」

有趣的是，幾乎所有意識到自己行為造成別人痛苦而拒絕繼續實驗的志願者，都覺得要符合一個更高的道德規範。有些人有宗教信仰，但所有人都覺得自己應該要比房裡的科學家對更高的權威負責。

事實上米爾格蘭的實驗每天都在世界各地的辦公室上演。當我們用更廣義的角度來檢視米爾格蘭的結論時，就很

容易看到普遍存在於資本主義這個名稱下的抽象狀態。抽象
概念不再局限於物理領域，數字天生的抽象性質也包含在
內。我們的企業變得愈來愈大，我們跟員工與客戶之間的距
離就變得愈來愈遠。在這樣的規模下，我們無法只是走到貨
架通道來計算架上的罐頭數量。現在我們依靠報表來匯總銷
售量與生產量。當我們透過抽象的數字讓自己跟人性分離
時，我們就會像米爾格蘭的志願者一樣，有能力做出不人道
的行為。就像米爾格蘭設定的實驗條件一樣，我們和接受我
們決定的人被隔開，最後我們的決定很可能會無法看見或聽
到人的生命，造成很大的影響。當人們變得愈來愈抽象，我
們就愈有能力傷害他們。

14 忘了人的現代企業

2009 年《紐約時報》（*New York Times*）與所有主要新聞媒體都報導一則新聞：沙門氏菌爆發造成 9 人死亡，超過 700 人因感染而生病，還引發美國史上最大宗的食品下架回收。汙染源頭追溯到 300 多家公司採用的維吉尼亞州林奇堡（Lynchburg）美國花生公司（Peanut Corporation of America）製造的花生與花生產品。美國花生公司的老闆是否盡力確保食品安全，讓他和公司值得信任呢？可悲的是，並沒有。

美國食品藥物管理局（FDA）調查的結論指出，美國花生公司送出遭到汙染的產品（但公司否認）。眾多證據顯示，公司主管為了達到業績目標，對員工施加巨大壓力。一份法庭文件指出，美國花生公司總裁史都華‧帕內爾（Stewart Parnell）曾發送電子郵件給工廠經理，抱怨沙門氏菌測試的陽性結果，「從取得花生原料到開出發票中間造成巨大疏忽，讓我們賠上巨大的 $$$$$。」（4 年之後，在本書出版之際，聯邦檢察官依刑法起訴帕內爾和他的團隊，公司也在 2009 年倒閉）。當我們與客戶或員工的關係抽象化時，我們自然會追求眼前所見最明確的事情，也就是指標。一個把數字看得比生命還重要的領導者往往跟他們服務的人分離。

　　把帕內爾放在一邊，那在公司照章行事的人呢？在文化薄弱的企業中，員工會把雇主看成最終的權威，就跟米爾格蘭的實驗對象看到科學家一樣。主宰一個文化薄弱企業的領導者不會投資在建立員工信心的計劃，讓員工做出正確的事。相反地，在指揮和控制為主的系統，員工更容易做出對自己有好處的事。不幸的是，在充斥著命令與控制的文化中，以及與安全圈概念背道而馳的文化中，不確定性、互不信任的小團體和辦公室政治會因此茁壯，這只會增加我們的壓力，傷害我們與其他人發展人際關係的能力，並把自我保護變成我們主要關注的事。

　　如果我們無法感覺到自己的言行對其他人有影響，很可能會讓我們走上危險的路。正如米爾格蘭指出，當我們無法看到決策的影響、當人們的生命變成一種抽象的東西，那65％的人都有殺人的能力。當我們無法看見或聽到自己正在傷害的人時，擔心自己陷入麻煩、丟掉工作、無法達成目標，或者失去地位的恐懼就會成為我們決策的主要驅動力。就像德國軍人用「只是執行命令」的說法來捍衛自己的行為懇求原諒、或是米爾格蘭實驗中那些自言自語「實驗必須繼續」的實驗對象一樣，當我們的決策傷害其他人時，我們也會唸出自己的現代咒語，來保護自己或轉嫁責任。我們的工作是「為股東創造價值」或「履行我們受託的責任」，同時還會不停捍衛自己的行為「符合法律」，或者聲稱是比我們

薪水更高的上層做的決策。

在寫這本書時，我曾在某個晚宴場合與一名投資銀行家有過一段爭辯。帶著我的新見解，我不斷追問他對那些受他影響的人有什麼責任。我很震驚他的回答竟然跟米爾格蘭的志願者一樣：「我沒有權做出那種決策，」他告訴我，「這不是我的工作，我的工作是替我的客戶提供最好的價值。」當我們不覺得在工作環境中會彼此照顧時，我們的本能會讓我們不惜一切代價保護自己，而不是為了我們的行為分擔責任。

面對現實上銀行業對經濟造成的損害，有些銀行家甚至更過分，不只把罪過歸咎到房貸公司身上。就像米爾格蘭的劊子手，有些銀行試圖把自己與施加傷害的角色切割乾淨，甚至還會怪罪受害著；有些銀行家很過分地怪罪美國屋主造成這些問題。摩根大通銀行（JPMorgan Chase）執行長傑米‧戴蒙（Jamie Dimon）在 2010 年這樣對股東說，「我們趕走的人是不值得留住自己房子的人。」

▌企業的責任只有獲利？

「企業只有一個社會責任，就是要利用資源，在遊戲規則內從事可以增加獲利的活動。」米爾頓‧傅利曼（Milton Friedman）在 1970 年這樣說，6 年後他贏得諾貝爾經濟學

獎。我相信傅利曼所說的「遊戲規則」是指法律，這是由意圖良善、但有時很政治化的一群人設計的一套不完美而充滿意外、有時甚至有政治漏洞的指導方針。

傅利曼的話似乎成為今日美國資本主義的標準。一遍又一遍地，企業展現出為了追求獲利目標，寧可遵守法律條文的字面規定，不願對他們在各個國家或經濟體服務的人群負起道德責任。對應到米爾格蘭的實驗來看，太多公司的領導者更願意聽從科學家的指揮，而不是更高的道德權威。他們可以辯解自己的行為符合法律，卻忽視法律要維護的價值。

蘋果電腦透過在愛爾蘭成立子公司的方式，成功避開數十億美元的稅金，因為愛爾蘭是以公司登記的地方來課稅（蘋果在美國註冊成立）。相較之下，美國則根據企業賺錢或存放獲利的地方來課稅（蘋果把在亞洲和歐洲賺的錢放在愛爾蘭）。這讓蘋果可以在兩國稅法的縫隙中鑽漏洞，因此在 2009 到 2012 年間，蘋果把 740 億美元藏到美國國稅局（IRS）與任何稅務機關碰不到的地方，蘋果並沒有否認這件事。身為當今最偉大的創新者，蘋果透過愛爾蘭與荷蘭子公司把獲利轉到加勒比海，避免在美國繳稅，許多企業也有樣學樣。然而根據傅利曼的思維，蘋果並沒有違反任何遊戲規則。

我們絕對需要形成信任的關係，我們的生存有賴於此。為此我們的原始大腦會不斷評估公司的言行，就像評估一個

人的言行一樣。從生物學來看，信任就是信任，無論是誰形成。如果有人的言行讓我們感覺不能把生命託付給他，我們就會保持距離。如果只是遵照法律，這意味我們應該也要相信偷吃的男友或女友，因為他們並沒有違反任何婚姻法規。身為社會動物，道德也很重要。從社會面來看，不論法律條文怎麼規定，我們或企業認定的是非對錯也很重要，這是公民社會的基礎。

在國會聽證會上，蘋果執行長提姆・庫克（Timothy Cook）提出責任歸屬問題，他說：「不幸的是，稅法沒有跟上數位時代。」主管機關是不是有責任要關閉所有漏洞，還是企業也該負一定的責任？還是說，蘋果要用公民不服從的行為，來迫使政府做得更好？蘋果做了一些教育捐款的好事，但大部分的人都不知道這些，因此聽到蘋果的避稅做法時，大家變得不信任它。然而這似乎已經變成今日企業營運的標準：有漏洞就鑽，直到有人出面填補漏洞為止（有時候甚至還會遊說反對修改法律）。如果這樣真是合理的話，那應該沒有人會對海洋輪船公司（Oceanic Steam Navigation Company）的決定有意見。

▌過時的法令可以成為企業害人的藉口？

在 20 世紀之前，最大的船是渡輪。渡輪把大量乘客從

甲地運送到鄰近海岸的乙地。從邏輯上來看，規範船東責任的規定是根據當時船隻運送的使用方式，也就是渡輪。然而到 1912 年鐵達尼號啟航之際，法規還沒更新到可以反映遠洋船隻這種新型船舶出現（就像庫克口中的「數位時代」）。鐵達尼號按照法律規定配備 16 艘救生艇。問題是，鐵達尼號比當時法定最大的船舶還大上 4 倍。

鐵達尼號的主人海洋輪船公司嚴守過時的法規（事實上，他們還多加 4 艘救生艇）。不幸的是，正如我們所知，1912 年 4 月 14 日，鐵達尼號的處女航在離開港口僅 4 天後就在遠離任何海岸線的海上撞上冰山。沒有足夠的救生艇可以容納所有人。2224 名乘客與船員有超過 1500 人因此喪生。比最大的船舶還大 4 倍的船，配置的救生艇卻僅占實際需求的 1/4。只有比 1/4 多一點的乘客和船員在當天倖存下來，這一點也不意外。

整個航運業充分意識到過時的法規很快會更新。事實上，因為期待會出現「救生艇必須容納全船人員」的規定，鐵達尼號額外擴充甲板空間。但救生艇成本昂貴，需要檢修維護，又可能影響船舶穩定，因此海洋輪船公司決定等到法規正式要求時才增加救生艇數量。雖然鐵達尼號並沒有為所有乘客配備足夠的救生艇，但渡輪公司完全遵守法規。

蘋果的避稅說法跟鐵達尼號不添加救生艇的決定有著令人不安的相關性，可是航運業在 20 世紀初期遊說政府反對

改變法規，因為在甲板明顯處放置這麼多救生艇會影響生意，讓人們覺得這樣的船不安全。跟當時的航運業一樣，蘋果與其他企業主張繳稅會傷害他們的競爭力（順帶一提，同樣的論點出現在 1950 年代汽車製造商被要求增加安全帶，製造商擔心安全帶會讓車主認為車子不安全）。

值得留意的是，美國國會預算辦公室（Congressional Budget Office）的報告指出，2011 年美國納稅人付給政府的稅金為 1 兆 1000 億美元，而企業繳的稅卻僅有 1810 億美元。雖然不會因為許多企業玩這種騙局而造成人員傷亡，但純粹就生物面來看，這種行為讓我們真的很難相信他們。堅守崇高道德標準的企業就像具備高尚道德水準的人一樣，這個標準不容易被法律界定，但任何人都能輕易感受到。

現在許多企業的經營規模都很可觀，許多大企業的領導者別無選擇，只能在試算表與銀幕上管理公司的業務，這往往遠離那些受他們影響的人，這似乎很合理。但如果米爾格蘭的數字是對的話，這意味美國規模最大的企業、也就是《財星》1000 大企業中，有 650 位領導者能在不考慮決策會對其他人造成影響下做出決定。

這把我們拉回來檢視人類這個動物，如果想要減少抽象化對我們下決策時的破壞性影響，那麼根據米爾格蘭的實驗，有一個更高的道德權威就很重要，也許是上帝、崇高的理念、吸引人的未來願景，或者其他道德準則；但絕不是股

東、顧客或市場需求。當領導者給予我們一種崇高的理念，讓我們能參與其中；當他們提供一個讓人信服的目的或理由、某個比我們更偉大的東西，告訴我們為何要工作，這似乎會賦予我們力量，在被召喚時做出正確的事情，即使我們短期必須犧牲舒服的生活。當領導者擁抱他們應該關懷的部屬而不是數字時，部屬就會跟隨他們，解決問題，並確保能以正確、穩定的方式來實踐領導者的願景，而非只顧私利。

　　這不是好人或壞人的問題。就像米爾格蘭的志願者一樣，我們很多人在工作時都沒看到我們的決策會影響到誰。這意味如果我們想要做出正確的事（這跟做合法的事不同），我們顯然處在一個不利的位置。這讓人不禁回想起英勇強尼的故事。飛在雲層之上，他無法跟地面特種作戰部隊有視覺接觸，但他覺得有必要飛下去，這樣才能看到他要保護的人。當我們選擇停留在雲層上，僅依賴別人提供給我們的資訊，而不是親自下來親眼看看，那我們很難做出正確的道德決定。當我們無法做到這個程度時，也就會逃避責任。好消息是，我們有方法可以協助自己來管理這個抽象狀態，讓安全圈保持強大。

15 管理抽象狀態

　　喬瑟夫・史達林（Joseph Stalin）說過：「1 個人死亡是悲劇，100 萬人死亡只是數據。」史達林很了解統計。1922到 1952 年他擔任蘇聯共產黨總書記，在他手下有數百萬人送命，其中大部分是蘇聯公民。像許多的典型獨裁者一樣，他大搞個人崇拜，以極端殘暴的方式統治。他信賴的人非常少，而且有非常嚴重的被害妄想症，但他這個看法絕對正確。

　　這裡我用兩個故事來說明我的意思，這兩個都是完全真實的故事。

【故事 1】

　　當我在寫這本書時，敘利亞正爆發內戰。因為阿拉伯之春的啟發，敘利亞人民起身反對巴沙・阿薩德（Bashar al-Assad）的獨裁政權。他在 2000 年父親過世後接手統治。他的父親哈菲茲・阿薩德（Hafez al-Assad）也同樣靠著殘酷專政統治敘利亞 29 年。在超過 40 年的阿薩德政權統治下，兩代敘利亞人不知道外界發生什麼事。可是在現代的世界，儘管敘利亞政府試圖壓制鄰近國家的暴動新聞，但是這些叛亂的消息仍然流進敘利亞，可是不像突尼西亞的和平起義，

敘利亞的叛亂卻遭到阿薩德政府極端且激烈殘酷的鎮壓。

世界輿論絲毫沒有影響阿薩德政權，敘利亞政府繼續以全副武裝鎮壓雜亂無章、裝備不良的反叛軍。在本書撰寫之際，聯合國估計有超過 10 萬名敘利亞人已經被軍隊殺死；其中包括一次化學武器攻擊，造成將近 1500 人身亡，當中有許多是無辜平民。

【故事2】

一個 18 歲女孩正躺在加州聖克拉門特（San Clemente）的街道中間，她被一名 17 歲的女孩開車撞倒。她失去意識，斷掉的腿以不自然的角度指向人行道，她的狀況很糟糕。陸軍後備軍人卡蜜・尤德（Cami Yoder）碰巧開車經過，她把車子停在路邊，看看能不能幫忙。尤德跪在受傷的年輕女子身邊，檢查她的生命跡象。女孩已經沒有呼吸，脈搏就算有也很微弱。尤德立刻對她進行口對口人工呼吸，試圖讓年輕女子活下來。不久救護車趕來，救護人員接手，等到年輕女子的狀況穩定下來之後把她送去醫院。

事發幾天後，尤德想知道那個女孩的狀況如何。她從網路上找到新聞報導，知道後來發生什麼事。她已經死了。這個年輕的女人，還有大好未來等著的女人過世了。

哪個故事會讓你激發出比較強烈的感覺？數萬人因為挺

身支持某個高貴理念卻被軍隊打倒的故事會影響我們的情緒，但與一個人的故事產生的情緒不同，我們用同理心哀悼一位年輕女子的死亡，卻似乎無法激發同樣的同理心來哀悼數千位年輕婦女、兒童和其他人被無理、甚至殘酷地打倒。

這是用數字來表示人的一項缺點。在某些時候，這些數字意義空洞，失去與人的關聯。我們是視覺動物，我們會追求眼睛看得到的東西。如果是需要幫助的人，我們會衝上去幫助他。如果有個清楚的願景，我們就可以努力打造它。而如果是要讓指標從一個數字進步到另一個數字，我們也辦得到。但是當數字變成是我們唯一可以看見的東西，我們就比較不會認知到自己的決策所造成的長遠影響。

用一個大數字來代表金錢或產品是一回事，但當這個大數字開始代表人頭時，正如史達林告訴我們的，我們用同理心來感受的能力就會開始動搖。如果你的妹妹是她家中的主要經濟支柱，一旦她失業，就會對你的侄女與侄子的生活造成顯著影響，這樣的損失對你妹妹、她的家人，甚至你帶來沉重的情緒負擔。但是一些大企業根據試算表做出裁員4000人的決定卻讓人看不見、摸不著，這只是一個為了達成特定目標所採取的行動，這些數字不再代表身為家庭支柱的人，只是被計算出來的抽象概念。

無論是政治家或員工，如果我們真的想服務人群，也許我們能做的最有價值的事，就是親自了解這些人。要認識所

有的人當然不可能，但應該要知道我們的產品、服務或政策需要幫助的對象名字與生活細節會帶來多巨大的變化。當我們能讓過去一份研究或圖表的資訊變成具體可見的東西，當一項統計或民調變成一個個真正活生生的人，當抽象概念被理解成影響的結果。在那一刻，我們解決問題與創新的能力就會讓人驚嘆。

▌方法 1：真實互動

不只數量和規模的抽象本質很棘手，我們現在還要面臨虛擬世界多出來的複雜問題。網路是個啟發人心的現代產物。它讓我們有能力、有規模來傳播思想給任何人，無論是小型企業或是社會運動都一樣。它讓我們更容易找到其他人，並保持聯繫。它加速商業交易的步伐，增加的速度讓人難以置信。這一切都很棒，但就像現在可以用金錢交易，不再需要以物易物一樣，我們也經常把網路當成一種手段，用來加快和簡化與我們建立起的關係與溝通。正如金錢買不到愛情，網路也買不到深刻的信任關係。這個敘述有些棘手與爭議的是，我們覺得網路關係很真實。

的確，當有人在我們的照片、網頁或文章上按「讚」，或看到瀏覽的排名節節上升（你知道血清素有多愛排名），血清素就會在我們體內爆發。我們從虛擬的「讚」或追隨者

的數量得到受人欽佩的感受，這跟我們從自己的孩子或教練從他們的球員得來的欽佩感不太一樣。這只是一個公開、簡單的「讚」，不需要任何犧牲，這是一種新的地位象徵，如果你喜歡的話。簡單地說，雖然這種愛可能感覺很真實，但人際關係依舊是虛擬的。當然，人際關係可以在網路上發展，但只有當我們面對面時，人際關係才會變得真實。

　　想想臉書和其他線上通訊工具對青少年霸凌造成的影響。1/4 的美國青少年說曾經歷過「網路霸凌」。我們已經知道關係抽象化會讓人做出可惡的行為，行為舉止好像自己完全不需負責一樣。一個線上社群讓害羞的人有被人聽見的機會，但負面效應則是讓有些人做出可能在現實生活中永遠不會出現的舉止。有人會在網路上說著也許面對面都永遠不會說出口的話，因為可以保持距離，甚至完全匿名，使人們更容易違反人性做事。儘管我們在網路上相遇也會產生正面的情感，但不像基於關愛與信任的真正友誼，這種感覺在我們離開網路後不會持續太久，很少能經得起時間的考驗。

　　無論社群媒體多麼好，想要建立牢固的信任關係還是沒有真實面對面接觸來得有效。這種論點會引起爭議。社群媒體的粉絲會告訴我，他們的好友都是在網路上認識。但如果社群媒體是社交的全部，那為什麼每年還有 3 萬多名部落客和播客（podcaster）來到拉斯維加斯參加部落格世界與新媒體博覽會（BlogWorld & New Media Expo）？他們為什麼不

在網路上見面就好？因為對我們這樣的社會動物來說，沒有什麼能取代面對面的接觸。現場演唱會比 DVD 更棒，即便看電視可以看到更好的角度，親臨球賽現場跟看電視轉播感覺就是不一樣。實際上我們喜歡處在跟我們志同道合的人們身邊，這讓我們感覺有歸屬感。這也是為何視訊會議永遠無法取代出差的原因。信任無法透過銀幕形成，信任要在會議桌上形成。握手才能把人們連結起來，沒有虛擬的信任。

在美國部落格世界與新媒體博覽會的網站上有一個宣傳短片，談論參與這個盛會有多棒。「共享創意」是被頻繁討論到的一項好處。「可以遇見這麼多不同的人」、「讓大家團聚一堂」，以及「能夠遇到同道中人」都是常見的主題。當然，我最喜歡的是，「我可以跟他們握手，這真是太棒了！」這是追蹤許多參與大會的部落客粉絲說的話。讓部落格世界的先鋒群聚一堂，面對面地分享虛擬世界最好的想法，這樣的諷刺就連部落客自己也不得不嘖嘖稱奇。

真實、面對面的人際互動是我們感受到歸屬感、建立信任，並培養關心其他人的能力的做法，這是我們創新的方式。這就是為何遠距離工作的人，跟每天去公司上班的人相比，永遠無法真正覺得自己屬於團隊的一部分。不管他們收發多少電子郵件，不管他們是否一直都被放在郵件群組名單上，他們仍舊錯失所有的社交時光、或是細膩的小互動，這些都是跟其他人共處時的人性感受。但是在我們最需要好點

子的艱難時期，我們採取什麼做法？我們削減會議和出差次數，因為視訊會議和網路研討會更便宜。也許事實如此，但這只是短期效果。社群媒體仍然相對新穎，這一切去人性化的長期影響還沒有被充分理解。正如我們到今日才感受到1980 與 1990 年代採取的「獲利第一、人排第二」的政策和做法所造成的後遺症，我們必須過了一個世代才能感受到現在以虛擬取代真實互動的偏頗做法所造成的全面影響。

▍方法 2：讓組織可被管理

1958 年，比爾·戈爾（Bill Gore）追求夢想，辭掉杜邦（DuPont）的工作。他相信俗稱鐵氟龍（Teflon）的聚四氟乙烯（PTFE）有發展可能。同年，他和妻子薇芙（Vieve）在家中地下室成立戈爾公司（W. L. Gore & Associates）。這是一個友善的地方，大家都彼此認識。

後來他們的兒子鮑伯（Bob）發現一個新的聚合物延展性聚四氟乙烯（ePTFE）之後，這家公司徹底改變。延展性聚四氟乙烯就是為人熟知的 GORE-TEX，在醫療、材料和工業市場出現無窮的應用可能。這家謙虛的家族企業持續成長，從地下室搬進工廠。事業興旺，而且隨著需求成長，工廠與雇用的員工數量也跟著增加。

有一天戈爾走到工廠所在的樓層，發現有很多人他不認

識。公司已經變得太大，他根本不知道誰在為他工作。直覺
告訴他，這樣對他、對員工或公司都不好。在做了一些計算
後，戈爾為了保持讓工廠順利運作不可或缺的同志情誼和團
隊精神，工廠人數維持在 150 人左右。

戈爾並沒有藉著擴充現有工廠的規模來變得更有效率。
相反地，戈爾只是蓋一座全新的工廠，剛好緊鄰舊工廠。每
座工廠的員工人數上限為 150 人。事實證明戈爾確實找到一
個好方法。在這個模式下，業務蒸蒸日上；而同樣重要的
是，員工間保持堅強的合作關係。直到今天，這家仍未上市
的民營公司年營收高達 32 億美元，全球員工超過 1 萬人。
但他們仍試圖把工廠與辦公室的員工分為不同工作小組，每
組成員約 150 人。

不只戈爾有 150 人上限的直覺，英國人類學家和牛津大
學實驗心理學教授羅賓・鄧巴（Robin Dunbar）也做出同樣
的結論。鄧巴教授認為，一個人只可能跟 150 人維持密切關
係。他喜歡這樣說，「用另一種方式來說，這個數字大概是
你碰巧在酒吧中遇到的人數，你不會覺得自己不請自來跟他
們喝一杯很尷尬。」

最早的智人住在狩獵／採集部落中，人數最多只有 100
到 150 人之間。基督教亞米西人（Amish）和胡特派信徒
（Hutterite）的規模也大約 150 人左右。南非的布希曼人
（Bushmen）與美國原住民生活的團體也大概 150 人。甚至

海軍陸戰隊的人數也大概 150 人。這個神奇的數字就是我們天生有辦法管理緊密人際關係的數量。如果缺乏嚴格的社會系統或有效的階層組織與官僚主義來協助管理，超過這個規模就會導致關係破裂。這就是為什麼高階主管必須信任中階主管，因為如果要有強烈的信任感與合作意識，沒有人可以有效管理這麼大量的人數。

如果你仔細觀察少於 150 人的團體運作最好的原因，會發現這其實非常有道理。第一個原因是時間。時間固定不變，1 天只有 24 個小時，如果只給每個認識的人 2 分鐘，我們並無法好好了解對方，深刻的信任關係可能永遠無法形成；另一個原因是腦容量，我們根本無法記得每個人，這就是為什麼「鄧巴數目」（Dunbar's number）大約是 150 人，有些人可以記得多一些，有些人記得比較少；此外如同鄧巴在研究中注意到的，當團體大於 150 人時，人們比較不太可能努力工作，也比較不可能互相幫助。這是很重要的發現，因為許多企業把業績成長的重點放在成本效益，卻忽略人際關係的影響，而正是人際關係的力量才能協助管理大規模的組織。

許多人認為網路會讓鄧巴數目過時，因為與多數人溝通會變得更有效率，也讓我們有能力維持更多的人際關係，不過事實證明並非如此，人類學再次獲勝。儘管你在臉書上可能有 800 個朋友，但你不見得每個人都認識，你的朋友也不

見得都認識你。如果你坐下來試著聯繫每個朋友，就像記者銳克·雷克思（Rick Lax）在 wired.com 網站上寫的一樣，你很快就會發現鄧巴數字仍舊應驗。雷克斯很驚訝，在2000個「朋友」中，真正認識或真正認識他的人只佔少數。

在小型組織中，每個人都互相認識，我們很容易互相照應。理由很明顯，我們比較可能會照顧認識的人，而不是不認識的人。如果一個人知道工廠裡的會計，會計也知道誰是機械技師，他們更可能會互相幫助。

當領導者能親自認識團隊每一個人，認為照顧成員是自己的責任，那領導者看到他們照顧的人就好像看到家人一樣。同樣地，團隊成員也會宣示這是他們的領導者。例如在一排大約40人的海軍陸戰隊中，他們經常會說排長是「我們的」的中尉。然而，對於更高層、較少看到的高階軍官，他們只會簡單稱「某某」上校。當領導者與被領導者相互歸屬的心態開始破裂、當不拘禮節的關係被正式關係取代時，就是團體擴張太大、難以有效領導的訊號。

對大型組織來說，這意味管理大規模組織並保持安全圈強大的唯一方法，就是依靠階層。執行長可以抽象的「照顧」員工，但要把抽象實體化後，關心才會變得真實。真正能管理大規模組織的唯一方法就是授權給不同層級的主管。他們不能被視為是負責管理或控制員工的經理人。相反地，主管必須讓自己蛻變成領導者，這意味他們必須承擔照顧和

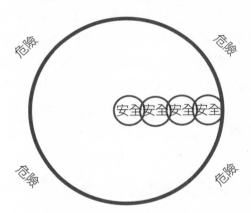

圖 15-1　安全圈的形成

保護部屬的責任，同時相信領導者也會照顧他們。（見圖 15-1）

　　鄧巴教授發現，在超過數百位員工的大型企業中，如果員工沒被分成少於 150 人的工作小組，員工在工作之外交到的朋友往往會比在公司內部的朋友多。跟我們共事的團隊人數愈多，我們就愈不可能跟他們發展出的信任關係。

　　我曾經參觀北加州一家大型社群媒體公司的舊辦公室，這是 loft 風格的開放空間（**編註：loft 風格通常指的是很少隔間的挑高開放式空間。**），一排排員工一起工作。開放式空間是為了鼓勵開放的溝通與相互激發點子。對於鄧巴的研究結果，帶我們參觀的經理發表一個很有趣的觀察。

　　他告訴我，這家公司成長的部分原因是合作、共享，及開放溝通的企業文化。公司相信，這是因為辦公室有著開放式的格局。因此，隨著公司成長，他們仍保持相同格局，也就是我現在參觀的地方。但是隨著公司成長，合作和開放的溝通並沒有因此增加，這個現象他們也不知道怎麼解釋。事實上那個經理承認，現在合作和開放溝通的情況反而更糟，鄧巴再次獲勝。

▍方法 3：跟受你影響的人見面

　　2010 年，賓州大學華頓商學院管理學教授、《給予：華頓商學院最啟發人心的一堂課》（*Give and Take: A Revolutionary Approach to Success*）作者亞當・格蘭特（Adam Grant）研究華頓商學院募款單位的成效，他想要了解募款方法哪些有效、哪些無效。這是簡單的工作：員工打電話給校友，試圖說服他們提供獎學金給成績優秀但無力支付學費的學生。募款人員被指示要說明大學財務的嚴峻狀況，以及得到獎學金的學生有什麼令人印象深刻的成就。校友也會聽到學校在資訊工程或企業管理領域需要擴大投資，以打造下個世代的領導者，畢竟這是新經濟時代的勞動大軍。大家都認為這樣的推銷方式相當鼓舞人心。

　　但無論他們多麼努力，募款狀況還是很普通。即使用一

大堆研究來顯示經濟衰退對大學預算帶來的傷害，募款數字仍沒有增加。此外，這份工作具備一般工作的所有特性，包括重複的工作、長時間坐著不動，偶爾還會碰上不禮貌的客戶。不用說，人事流動異常的高，導致士氣更加低落。所以格蘭特想出一個提升募款成效的想法。

格蘭特教授安排得到獎學金的學生來到辦公室，花 5 分鐘跟募款員工描述獎學金如何改變他們的生活。學生告訴他們有多感激募款單位的辛勤工作。儘管學生待的時間很短，但結果非常驚人。接下來一個月，募款員工平均每週募得的款項超過 4 倍。在另一項相似的研究中，募款人員花在打電話的時間平均增加 142％，募到的金額也增加 171％。

身為社會動物，為了讓工作有意義，有動力做的更好，我們必須「看見」付出的時間和精力所帶來實際、明顯的影響。這個邏輯似乎延續米爾格蘭的發現，只是在這個情況下，成果是正面的。當我們能實際看見我們做出的決定或工作所造成的正面影響，我們不僅會覺得工作非常有意義，還會鼓勵我們更努力工作、完成更多的事。

另一個沒有學生來拜訪的控制組，銷售與打電話的時間並沒有什麼改變。只是簡單聽主管描述獎學金對學生的意義有多大的第三組，績效也沒有提升。換句話說，老闆告訴我們這份工作有多麼重要的效果遠不及我們親眼看到的效果。

富國銀行（Wells Fargo Bank）的貸款部門也有類似的

經驗。當他們邀請客戶來銀行說明貸款如何改變生活，讓他們得以買房或還清債務，銀行員更有動力幫助更多人完成相同的夢想。他們可以看到自己的工作對其他人的生活帶來的影響。員工對工作的認知出現顯著的轉變，這也是我們得到工作意義的基礎。許多員工或許沒有意識到這個轉變，但他們上班的目的不再是為了推銷貸款，而是為了幫助他人。另一項研究也發現，僅是讓放射科醫師看病人的照片，就會顯著提升診斷結果的準確度。這份研究進一步證明，當我們把自己跟工作成果連在一起時可以改善工作品質。

格蘭特對社區活動中心的救生員進行另一項研究。第一組救生員閱讀其他救生員描述工作如何協助他們推展目標的資料。第二組閱讀救過人的救生員第一手的經驗分享。讀到救生員救人真實案例的人，比起讀到工作如何幫助自己的人工作更加積極，並且投入更多的時間協助泳者。

很多人會說這些研究結果並不意外，畢竟很明顯就該這樣。然而，真是這樣嗎？格蘭特針對數千名主管調查，想要知道他們感受到的工作價值。結果只有1%的主管表示，主管應該花工夫讓員工知道他們的工作會造成改變。而許多公司試著向員工解釋工作對生活的價值，或是達成目標能獲得的好處，而不是對其他人的好處。然而人類天生就是合作的動物，當我們知道自己在幫助別人時，我們就會受到激勵，更加積極。

　　這是我喜歡「水」（water）這個慈善機構的原因。如果你捐款給他們（你可以上 charitywater.org 網站捐款），除了捐款全用在他們提倡的公益目標，也就是提供乾淨飲用水給 7 億人使用，他們還會寄給你一張照片與 GPS 座標，讓你知道捐款用在哪一口井上面。雖然親自到非洲見到接受你幫助的人會更棒，但光是看到捐款所帶來的實際影響就已經夠震撼。

　　不幸的是，我們大多數的人從沒有見過受到我們工作影響的人。對大多數人來說，我們「看到」的結果是試算表上的評估數字或「客戶」喜好報告。如果圖表的曲線往上走，我們會被告知做得很好，我們應該為自己的成就驕傲。我們被期待先對數字有感覺，然後才想到人。然而，在生理上要讓我們投入更多時間和精力，應該是先感覺到對人的影響，再去思考數字，這完全相反。對社會動物來說，我們的目標永遠都是人。

▌方法 4：付出時間

　　你打算搬家，為了幫你，一個朋友付清搬家公司的費用，這個禮物價值 5000 美元，非常慷慨。另一位朋友來幫你裝箱、搬上車，陪你到新家卸下箱子並打開。兩個星期後，兩個朋友在同一天都需要你的幫忙。你會比較想幫誰？

給你錢的朋友還是花時間和精力的朋友？

金錢把有形資源與人類的努力抽象化，這是約定支付未來商品或服務的一張紙。不像人們花在一件事上的時間和精力，金錢表現出東西的價值。但金錢這個抽象概念對我們的原始大腦沒有「真正」的價值，因為我們的大腦判斷，食物、住所、或其他人提供給我們的保護或安全程度才有價值。根據我們的大腦的解讀，給我們很多錢的人並不必然與願意提供時間與精力給我們的人有同樣的價值。

因為我們在社群裡非常需要安全，因此我們會對花時間和精力給我們的人賦予更高的價值。金錢的價值是相對的（對一個大學生來說，100 美元很多，但對百萬富翁卻只是九牛一毛），但時間和精力的價值卻是絕對的。無論有沒有錢，無論在哪裡出生，我們每個人 1 天都有 24 小時，1 年都有 365 天。如果有人願意給我們一些數量有限的東西、一種完全不能贖回的商品，我們會認為價值更高。如果我們浪費錢，我們還可以再賺更多錢（特別是在當今的社會）。但我們全都有這種經驗，卡在一場會議中、看一場電影，或是讀本書，我們不禁會想：「這個時間永遠無法再回來。」如果你現在停止閱讀，你可以留住時間，但我無法歸還你讀到這裡已經花費的時間。

不只是時間，我們付出的精力也很重要。如果一個家長去看孩子的足球比賽，可是只有聽到歡呼聲的時候才將眼光

從手機移開，抬起頭來，他們也許給了時間，卻沒有付出精力。孩子看到父母在比賽大部分時間都低著頭，忙著發簡訊與電子郵件，或者做其他的事。無論父母有什麼考量，如果沒有把注意力放在比賽，對家長和孩子都是浪費時間。這跟我們跟人交談卻同時閱讀電子郵件，或是坐在會議桌前但眼睛卻盯著手機不放的情況類似。我們可能會聽到所有的話，但說話的人不覺得我們真的聽進去。妥善建立信任的機會，或做一個關心部屬的領導者的機會就會被浪費掉。

正如父母無法用禮物買到孩子的愛，企業也無法用薪水與獎金買到員工的忠誠。想要創造忠誠度，創造願意承諾貢獻給公司的非理性感覺、即使其他公司提供更高報酬也不為所動的忠誠，就是讓員工感覺公司領導者願意在重要時刻犧牲時間和精力來幫助自己；我們會認為一個下班後還花時間伸出援手的老闆，比起當我們達成目標時僅是發獎金獎勵的老闆更有價值。

如果有同事告訴你，他們在上週末捐 500 美元給慈善單位，你會怎麼看他們？我們會認為他們是好人，但我們可能不清楚同事為什麼要告訴我們這件事，難道他們想要一面獎牌或什麼嗎？如果另一位同事告訴我們，他上週末替城裡的一所學校粉刷牆壁，你會有什麼看法？「這很酷，」我們會對自己說，「我應該也要多做一點。」光是聽到有人把時間和精力給其他人，就能鼓勵我們也想要替別人做更多的事。

　　雖然我們可能會從捐錢得到一劑感覺良好的化學物質，但這持續不久、也不太可能影響別人看待我們的方式。參加競走的人會比只是捐錢的人更能親身體驗到成就感，並發現這對提升地位更有幫助。比起付出金錢，付出時間和精力實際上更能影響別人對我們的印象。這就是為何惡名昭彰的企業執行長不可能靠寫支票給慈善機構就能挽救名聲，這不是我們社會認為有價值的行為。這也是為何面對真正承諾保護人民的執行長，他失誤或偶爾做出壞決定時比較能寬容看待的原因。

　　一個組織的領導者不能只是付錢要經理人照顧在他們報告中出現的人。然而，一個領導者可以對他們關心的部屬付出時間和精力，而這些經理人也會進一步願意付出自己的時間和精力照顧部屬。然後，他們的部屬也就會更傾向於把時間和精力花在直屬部屬身上。最後，在管理鏈的末端，那些得對外溝通的人更可能會善待顧客。這只是生物學上的道理，當其他人付出時間和精力在我們身上時，催產素和血清素會讓我們感覺愉悅，鼓勵我們對其他人付出更多。商業是一個人性事業，這也許是為什麼我們把企業稱為「公司」（company）的原因，因為這是一群人與其他人共同相處，共處很重要。（編註：company 在英文有兩個意思，一是公司，一是與人相處。）

▎ 方法 5：要有耐心

　　最近我跟一名女士第一次約會，真是美好。我們相處將近 8 小時，先一起吃早午餐，然後在市區閒逛。我們參觀博物館，然後吃晚餐。我們一直在聊天，一直在傻笑，幾個小時後我們就手牽著手，我們決定結婚，不用說，我們兩個人都很興奮。

　　你讀到最後時，你可能會有點保留，真的是這樣嗎？這個反應很正常。聽到這樣的故事，我們當下的反應都是「這太瘋狂了！」

　　事實上，我們的本能知道，不可能在一場約會或一週之後就能形成牢固的信任關係。相反地，如果我告訴你，我跟同一個女生約會 7 年，但我們還沒有結婚，你可能會想：「是哪裡有問題呢？」

　　我們在很棒的一次約會或工作面試後感受到強烈的正面感覺，這不是愛或信任，這主要是由多巴胺刺激產生的感覺，這股感覺讓我們自以為找到要找的東西。因為感覺很好，我們有時會誤認這段關係很穩固，即使雙方都有這種感覺。這可以解釋一見鍾情後為何很快就會分手，這也可以幫助我們理解為何在面試時看中的人在上班幾個月後卻發現他並不適合這個組織，這是因為我們實際上並沒有花足夠時間去了解是否可以信賴這個人。即使「感覺對了」，直接就跳

進去也跟賭博差不多。也許還是會成功，但你的賠率相對較高。如果我們待很久卻沒有歸屬感也一樣糟糕。如果一份工作做 7 年，卻仍然沒有歸屬感，嗯……也許是換工作的時候。

我們的內部機制試著幫我們悠遊在社交界，好讓我們找到更願意貢獻自己來幫助我們、成為我們安全圈成員的人。我們需要時間去了解別人，並建立維持關係所需的信任，不論在私人或職場關係上皆然。

我們的世界是沒有耐心的地方，這是個追求即時快感的世界，是個由多巴胺統治的世界。Google 可以馬上給我們想要的答案。我們可以在網路上購物，馬上買到我們想要的東西。我們可以即時收發訊息，我們不必等待一星期才能看到最喜愛的節目，我們馬上就要看到。我們已經習慣在想要的時候得到東西。看電影或網路購物都很棒，但當我們試著創造可以抵禦風暴的緊密信任關係時就不是很有幫助。我們需要時間，而且也沒有手機應用軟體可以讓這件事加快。

我沒有資料準確說明要多少時間才會覺得信任某個人。我知道需要 7 天以上，但不用花到 7 年那麼久。我知道有些人會快一點，有些人會比較慢。沒有人確切知道這需要多久時間，但需要耐心。

16 豐富資源的破壞性

　　對天生就在資源稀少的環境生活與工作的動物來說，擁有太多東西反而會產生一些問題，影響我們的行為。4 萬年來，我們生活在一個以求生存為主的經濟中，我們擁有的鮮少比需要的多。大約在 1 萬年前，我們首度從狩獵和採集生活進化到農業生活，我們才開始進入過剩經濟。因為有能力生產比我們需求還多的東西，我們可以讓部落人口增加到超過 150 人。我們可以與其他人交換多餘的東西。以前必須小心謹慎的我們，開始覺得可以揮霍浪費。我們也有能力養得起軍隊、知識分子與統治階層。

　　每當有一群人從只求溫飽進展到有資源剩餘的生活，那些掌握最多剩餘資源的統治階層就會想盡辦法來形塑社會，以滿足他們的期望。問題是，他們利用自己的多餘資源來影響是對社會有利還是只為自己好？為了滿足自己的利益，最有錢的公司費力遊說立法者訂定（或廢止）相關規定，這不意外。他們掌握更多資源，可以利用、保護，並再進一步累積。如果管理不當，這些組織的文化就可能失衡。

　　我稱這種失衡的結果叫「豐富資源的破壞性」（Destructive Abundance）。當追求私利與無私之間的天平失衡時，當由多巴胺激勵的行為壓倒由其他化學物質掌控的社

會保障時，當保護「成果」優於保護「創造成果的人」時，失衡狀態就會發生。當玩家幾乎只關心分數，卻忘記為何他們為何一開始想要下場玩的初衷時，「豐富資源的破壞性」就會發生。

對所有因為「豐富資源的破壞性」所苦的組織來說，它們都有個清晰的模式可循，這對我們其他人來說是個教訓。所有這些組織的文化幾乎都沒有被妥善管理。其中總是有個領導者沒有從內心深處負起領導者的責任。一旦「豐富資源的破壞性」力量真正衝擊組織時，誠信就開始動搖，合作就被政治鬥爭取代，直到員工變成另一種像電費帳單一樣可以管理的商品為止。

當挑戰被誘惑取代時，「豐富資源的破壞性」幾乎總是會隨之而來。

PART VI

領導 5 堂課

17 有怎樣的文化，就有怎樣的組織

「長期貪婪」（long-term greedy）是高盛（Goldman Sachs）資深合夥人古斯塔夫・李維（Gustave "Gus" Levy）描述高盛的經營手法。1970 年高盛還是一個相信夥伴、只做對客戶與公司最有利的事的「君子」組織。從他們今天的名聲來看，這聽起來很可笑，但高盛銀行家以前可是以「億萬富豪童子軍」著稱，因為他們總是會為客戶做正確的事情。「長期貪婪」意味有時為了幫助客戶，可以採取短線操作，因為這可以及時產生忠誠和信任的回饋，確實也是如此。

就跟許多擁有強大文化的組織一樣，當對手苦苦掙扎的時候，高盛不斷成長擴張。從 1970 年代到 1990 年代初期，高盛似乎沒有犯過錯。「直到 1990 年代為止，他們享有卓越聲譽，」撰寫《追逐高盛》（*Chasing Goldman Sachs*）的記者蘇珊・麥基（Suzanne McGee）寫道。「如果股票公開上市的承銷商是高盛，就等於得到好管家的蓋章批准。」

雖然我們要小心別把高盛的企業文化浪漫化，就像我們不能把偉大世代浪漫化一樣，但高盛的企業文化毫無疑問被認為是華爾街的黃金標準。跟所有強大的文化一樣，要成為其中一員非常困難。曾經有段時間，即使是學業成績最優秀

的應徵者也不見得能進入高盛。他們必須跟這個文化非常速配，他們被期待要把公司需求放在個人需求之上。合夥人必須要信任員工，員工則必須相信「長期貪婪」的文化。正是因為它的文化奠基在這些高標準上，高盛在經濟艱困時期表現仍舊出色。當其他船員忙著自救，有時甚至棄船自保時，高盛的員工卻可以攜手合作，共同帶領公司這艘船橫渡惡水。

但從 1990 年代開始，有證據顯示高盛的合作夥伴文化開始崩壞，尤其在 1999 年上市後加速崩壞。「高盛股票公開上市後，金融業的枯燥法規全都消失殆盡。」哈佛大學法律教授勞倫斯・萊斯格（Lawrence Lessig）在 CNN.com 的專欄寫到。「大膽（且有時魯莽）的實驗（金融創新）為像高盛這樣的企業創造出難以置信的獲利機會。」

在這種氛圍下，這家迅速擴張的公司開始接受一種新型交易員，與以前高層的投資銀行家相比，他們的人格特質無疑更有侵略性。錄取新人的標準也把學校成績與過去的成功紀錄放在契合公司文化之前。

新型交易員讓公司老一輩的人感到不滿。他們很驕傲的打造出公司文化，也以貢獻自己生命來維持與保護舊有文化為榮。公司因此分裂成兩個截然不同的陣營：舊高盛人和新高盛人。舊高盛人的文化奠基在忠誠和長期貪婪上，新高盛人則建立在數字和短期目標上。一個奠基在社群性化學物質

的平衡，另一個則建立在多巴胺的不平衡狀態上。

高盛雇用愈來愈多一心只想把財富和地位擴張到最大的人，有時會犧牲公司或客戶的長期利益，這對公司文化、名譽，以及最終決策造成愈來愈多傷害。

威廉·柯漢（William Cohan）在《金錢和權力：高盛如何統治世界》（*Money and Power: How Goldman Sachs Came to Rule the World*）中凸顯這一點。「因為經濟不景氣，高盛在 1990 年代初第一次真正裁員（不是因為個人的表現），這帶來很嚴重的創傷。」柯漢寫道。想想看，高盛直到 1990 年代才開始擁抱裁員的概念，有些東西很明顯在改變。

到了 2010 年，由於高盛在次級房貸危機中扮演的角色，加上他們在接受政府救助數個月後就發出豐厚的獎金，讓聲譽降到最低點。高盛不再是華爾街最值得信賴的公司，反而成為貪婪的象徵。高盛執行長洛伊德·布蘭克費恩（Lloyd Blankfein）甚至在 2009 年 11 月發表道歉聲明，「我們做的事顯然是錯誤的，我們有充分理由為此感到遺憾並道歉。」但為時已晚（而且許多人認為他不是真心道歉）。高盛的領導者不再是所謂的億萬富豪童子軍，反而更像是騙子。這樣的故事並不只發生在高盛，我只是用高盛來說明各行各業有太多公司有這種狀況。

每一種文化都有自己的歷史、傳統、語言和符號。當我們認同一個文化，會清楚表達我們屬於這個文化，並讓自己

在虛弱的文化中，我們不會去做「正確的事」，反而喜歡做「對自己有利的事。」

符合共享的一套價值觀和信仰。在某種程度上，我們可以用國家的公民文化來定義自己，例如我是美國人；或者用一個組織的文化來定義自己，例如我是海軍陸戰隊員。這並不意味我們每天都會思考自己的文化認同。但是當我們離開這個團體、或我們的部落受到外部威脅時，這份認同就顯得無比重要，甚至可以變成我們關切的焦點。你還記得美國人在911 事件後如何團結在一起嗎？

在強大的企業文化中，員工會形成類似的情感歸依。他們會以非常個人的方式來認同公司。加拿大西捷航空（WestJet）跟美國西南航空公司（Southwest Airlines）有點類似，都是走推翻主流與親民的路線。西捷航空的員工不會說自己在西捷工作，這聽起來好像只是一份工作。他們自稱西捷人，這是一種身分認同。當我們沒有歸屬感時，我們會穿上印有公司商標的 T 恤來睡覺或粉刷房子。但當我們有歸屬感時，我們會公開穿著公司的紀念品，並感到自豪。

當文化的標準從性格、價值觀和信仰轉變成從績效、數字和其他與個人無關、由多巴胺驅動的衡量標準時，驅動我們行為的化學物質便會失去平衡。我們信任其他人以及與其他人合作的意願因此被沖淡。就像在一杯牛奶中加水一樣，

最後文化會被稀釋到淡而無味，失去所有讓身體健康的物質，最後只是看起來喝起來像牛奶而已。我們因此失去歷史感，失去保護歷史的責任與共享的傳統，我們不再在乎歸屬感。在這樣虛弱的文化中，我們不會去做「正確的事」，反而喜歡做「對自己有利的事。」

正如 19 世紀偉大的思想家歌德總結：「你可以很容易判斷一個人的性格，只要看他如何對待跟他無關的人。」如果性格透露出一個人如何思考和行動，那一個組織的文化則說明成員的性格，以及他們如何集體思考和行動。一家擁有堅強性格的企業有著提倡照顧所有人的文化，而不光只是在當下照顧付錢給他們、或讓他們賺到錢的人而已。在堅強性格的文化中，公司員工會覺得受到領導者的保護，並認為同事會相互支持。在性格軟弱的文化中，員工會覺得保護主要來自應對辦公室政治的文化、宣傳自己的成就，以及照顧自己的能力（儘管有些人很幸運有幾個同事會互相照應）。正如我們的性格決定我們對朋友的評價，企業文化也定義公司在認識他們的人眼中的評價。績效可漲可跌，但文化的力量卻是我們唯一可以真正依靠的事。

注意大家描述與工作的關係十分有趣。像「愛」和「驕傲」這些感覺的字眼與催產素和血清素有關。高盛的案例就少了這種感覺。一個高盛的員工跟我說：「我沒有安全感，我隨時可能失去工作，高盛冷酷無情。」她會說公司「冷酷

無情」，等於承認公司文化中缺乏同理心。然而，當同理心不存在時，侵略、恐懼與其他有破壞性的感覺與行動就會主導公司文化。

　　有位在 2000 年代在高盛任職的員工描述高盛內部的肅殺氣氛，那時企業文化大致轉型完成，主管為了爭取一個計畫與客戶讓內部團隊彼此競爭。他形容整個工作環境缺乏信任，也沒有人懂得相互尊重，更重要的是，如果事情出錯，沒有人會負責。這是一個不惜一切代價求勝的環境，即使這意味著得打壓同事（更別提客戶）。毫不意外地，儘管在高盛工作的地位崇高（這樣的地位可能是從很久之前建立起來的形象），但這名前高盛人和其他同事都在 2 年內轉戰其他企業。為了保持理智與快樂，要忍受這些事實對任何人來說都很過分，更別提想要成功。然而高盛的領導者卻允許這樣的文化繼續下去。

　　2012 年 3 月 14 日，《紐約時報》刊登高盛執行董事葛雷格・史密斯（Greg Smith）寫的社論。他在高盛工作 12 年，卻在文章中宣布即刻離職。他寫著高盛的「有毒」文化：

　　文化是讓這家企業偉大、並在過去 143 年來贏得客戶信任的祕密。這樣的文化不只是為了賺錢，光顧著賺錢無法讓企業持續經營到現在。這與對組織的驕傲和信仰有關。我很

難過，因為我不得不說，今天我在周遭看不到一絲讓我熱愛多年的公司文化。我不再感覺驕傲或有信仰。領導以前講的是想法、樹立榜樣，以及做正確的事。今天如果你為公司賺到足夠的錢，你會被拔擢到有影響力的位置……以後的歷史提到高盛時，反映的可能是在現任執行長費恩和總經理蓋瑞·科恩（Gary D. Cohn）掌舵下，失去原有文化的公司。

當我們評估對工作的「感覺」時，我們經常回答我們的工作環境，而不是我們正在做的工作。當公司文化從一個大家喜歡的地方，變成一個只是去上班賺錢的地方，該怪罪的就是公司的經營者。員工會對領導者營造的環境做出回應。決定要建立什麼環境的關鍵在領導者。問題是，他們是否會在最接近他們的人畫出小圈子，還是會擴大安全圈的範圍到組織的最外圍？

儘管有些批評者會認為高盛的員工很壞又很邪惡，但大多數的高盛員工本性不是如此。然而他們的領導者創造的工作環境，卻有可能讓他們做出邪惡的事。人類的行為很明顯受到工作環境的影響，這可能是好事，也可能是壞事。

2008 年 11 月，手持武器的恐怖分子在印度孟買幾個地點發動攻擊，殺害超過 160 人。泰姬瑪哈皇宮飯店（Taj Mahal Palace Hotel）是其中一個地點。然而，讓泰姬瑪哈皇宮飯店的故事很不平凡的原因，是因為員工冒著生命危險拯

救客人。

有些旅館的總機員工平安逃出後，又跑回旅館打電話給客人，幫助他們逃脫。另外還有廚房員工組成人肉盾牌，保護逃離屠殺現場的客人。當天在旅館死亡的 31 人中，近半數是旅館人員。

哈佛大學商學院教授羅希特‧德什潘德（Rohit Deshpande）研究這起事件，被問到的旅館高層管理人員都無法解釋為什麼員工會這麼勇敢。但原因不難理解，這是領導者打造出的文化所產生的結果。泰姬瑪哈皇宮飯店是世界最好的旅館，他們堅持把客人的利益放在公司之前，事實上，他們往往獎勵員工這樣做。

跟高盛現在的文化不一樣，泰姬瑪哈皇宮飯店雇用新人時，學校成績與出身不是重要的考量，例如他們發現二線商學院的畢業生往往比頂尖商學院的畢業生更懂得善待其他人，所以他們比較喜歡雇用二線學校的畢業生。他們認為尊重和同理心比天賦、技能或個人成就動機還重要。一旦錄用，員工得到激勵，從而建立起強大的文化。他們信任員工可以隨機應變，而非照章行事。泰姬瑪哈皇宮飯店知道員工會「做正確的事」，不是只做對自己有利的事。文化是如何，員工就會跟著行事。

我總是很震撼大型投資銀行的執行長會震驚地知道公司有「壞蛋交易員」，為了追求個人利益或榮耀做出損害公司

的決定。面對獎勵自利的企業文化我們能有什麼多餘的期待？在這種條件下，一個執行長基本上只能賭員工會「做正確的事」。但設定方向的人不是員工，而是領導者。

▌隱藏訊息製造威脅

金・史都華（Kim Stewart）是眾多在有害工作環境中受苦的一員。她在花旗集團（Citigroup）上班的第一天就覺得那裡的文化有些不對勁。「我記得我回家對丈夫說，我一定要忍住不要說聰明的話。」問題不在於她認為主管或同事很笨，而是他們總有受威脅的感覺（一個安全圈薄弱的組織必定有這種感覺。）辦公室中總飄著一股猜疑和不信任的氣氛。

史都華回憶 2007 年首度加入投資銀行部門時，她立即去了解公司完成特定類型交易的手法。她去找老闆，想確認她了解的過程，而老闆也跟她確認。可是為什麼她的第一筆交易卻是難堪的災難？史都華後來發現，老闆擔心她的成功可能會威脅到自己的地位，故意不說明交易流程中的一個關鍵部分，確保她會出錯。彷彿希望她失敗，這樣就可以讓自己的表現看起來更好。

史都華說：「在花旗，我當時的感覺是：我不想讓別人跟我知道的一樣多，因為這樣我就可以被犧牲掉。」這是專

為自我保護做出的行為。這是皮質醇豐富、不安全文化的典型症狀。在這種文化中，有價值的訊息被隱藏起來，以推動或保護一個人或一小群人的利益，就算分享資訊會對其他人和整體組織有利也沒用。史都華回憶，每個人都害怕被另一個同事幹掉，沒有人有安全感。這不是因為花旗需要裁員，是因為文化造成的結果。

　　一年之後花旗發生龐大的財務損失，迫使聯邦政府不得不出手拯救。大部分的原因出在隱藏訊息。這不禁讓人猜想，假設更多的銀行擁有健康、化學作用平衡的文化，員工不會互相覺得有威脅，那金融危機會有什麼結果？

　　當然，裁員的確也發生了。2008 年 11 月，花旗創下史上單一最大規模裁員的紀錄。花旗在一天裡發出 5 萬 2000 份解雇通知書，佔員工總數近 20％。史都華的部門裁掉一半，從 190 人裁減為 95 人，獎金也被取消。一旦訊息確定後，你以為這個組織的領導者會變得謙虛一點嗎？沒有。

　　相反地，氣氛變得更糟。史都華回憶 2011 年年底，也就是金融危機爆發幾年後，公司轉虧為盈，她在花旗擔任董事總經理的新老闆到任，自我介紹時告訴員工，他只對 3 件事感興趣：營收、淨利與支出。然後他私下對史都華補充說：「如果你認為我會成為你的導師，提供你職場發展的建議，那你就錯了。」有怎樣的領導者，就有怎樣的文化。

▎共享文化刺激創新

很多人對便利貼很熟悉，但大部分的人並不知道便利貼的誕生過程。不像許多公司開發產品是透過想像力來嘗試製造，3M 發明便利貼與其他許多產品全都得歸功一件簡單的事：共享文化。

便利貼的誕生，部分得歸功於在明尼蘇達州 3M 公司工作的科學家史賓瑟‧席佛（Spencer Silver）。他原本想發明一種黏性很強的黏膠，不幸的是，他沒成功。他意外地開發出黏性非常薄弱的黏膠。根據他被要求的工作規格，他失敗了。但席佛並沒有因為覺得丟臉而把「失敗成果」丟到垃圾桶。他不用因為擔心丟掉飯碗，把錯誤當成祕密，或偷偷藏起來，希望哪天能從中發現好處。事實上，他反而把這個意外發明跟公司其他人分享，說不定有人可以找出使用方法。

而真的有人找到了。幾年後，3M 另一位科學家亞特‧佛萊（Art Fry）在教堂唱詩班練習時，一直無法固定書籤。書籤不斷從書頁上滑落，從樂譜架掉落到地板上。他想起席佛黏性薄弱的黏膠，發現可以用它來製作完美的書籤！這就是史上知名產品的誕生故事。隨後，便利貼以四千多種不同的形式行銷到一百多個國家。

3M 的創新不光是員工有學歷或有技術所帶來的結果，而是講求合作和共享企業文化所帶來的結果。與一些投資銀

行領導者的心態完全不同，3M 知道，當人們互相合作、分享想法並能放心借用其他人的工作成果來完成自己的專案時，他們的工作成效最好，這裡不存在「這是我的」的概念。

如果是另一家公司，席佛調配出的錯誤公式可能永遠不會進到佛萊的手中。但在 3M 可不是這樣。「在 3M，我們是一群想法的集合體，」佛萊曾這樣說過，「我們從來不會丟掉任何點子，因為你永遠不知道什麼時候有人會需要它。」像異花授粉的概念一樣，跨產品線的相互分享可以創造出一種合作的氛圍，讓員工覺得在 3M 可以受到重視。「創新來自互動」是 3M 最愛的一句座右銘，他們鼓勵員工在內部技術論壇中提出新點子，這是不同部門同事間的定期聚會。有個明確跡象證明這種合作方式確實奏效，3M 超過 80％ 的專利發明者不只一個人。

這種文化跟 3M 所處的產業無關。即使某個產業的產品或服務比較不需要合作，但大家仍然可以從分享中受惠。光是讓其他人用全新眼光來看待工作就能帶來巨大的改善。聽到其他人解決問題的方法，可能會讓另一個人想到該如何解決自己的問題。學習的概念不就是把我們的知識傳給別人？

看看 3M 產品的開發過程，你會對創新從一個部門跳到另一個部門驚訝不已。3M 實驗室研發汽車產品的科學家開發一種混合物質，幫助汽車美容廠修補車體凹陷處的填充

物。他們使用的技術來自另一個開發牙科產品的實驗室，這個物質是牙醫用來混合做牙齒印模的磨粉。另一個例子是 3M 照亮公路標誌的技術後來被用來發明「微針貼片」（microneedle patch）技術，讓打針不再疼痛。這種點子間的交叉授粉創造出的創新程度，讓大多數人感到驚奇不已。

3M 擁有超過 2 萬項專利，光是在 2012 年 1 月就取得超過 500 項專利。2009 年經濟情勢非常嚴峻之際，其他公司都大幅削減研發預算節省費用支出，但 3M 仍成功推出上千種新產品。3M 的產品無所不在，但通常不被人們注意，而且幾乎總被視為是理所當然。假設日常用品有貼「3M inside」的貼紙，就像電腦上面有「Intel inside」的標籤一樣，那消費者每天至少會看到這個貼紙 60 到 70 遍。

3M 的成功不是因為他們雇用最好和最聰明的員工，而是因為他們的企業文化鼓勵並獎勵員工互相幫助和分享所學的一切。雖然 3M 有自己的問題和官僚主義，但它的領導者卻努力促進合作。

在安全圈的裡面，人們可以信任和分享彼此的成功和失敗、自己所知與不知的事，結果就出現創新，這是天經地義的道理。

18 有怎樣的領導者，就有怎樣的文化

　　他想要掌權，他想要成為領導者，沒有人可以阻擋，就算現在的領導者也不能，這就是海珊（Saddam Hussein）在伊拉克奪權的故事。在上台之前，海珊建立幫自己崛起、提升地位的戰略聯盟。而拿到權力後，他賞賜給盟友財富和地位，讓他們保持「忠誠」。他自稱站在人民這邊，但實際沒有。他這麼做只是為了自己，為了榮耀、名譽、權力與財富。他服務人民的所有承諾只是奪權戰略的一部分。

　　問題是，這個人創造出一個不信任、有被害妄想症的文化。雖然獨裁者在位時社會還能運作，不過一旦獨裁者被推翻，整個國家在一年之內就會搖搖欲墜。這樣的故事不只出現在獨裁者崛起的不穩定國家或 HBO 影集的情節。類似場景也常出現在現代企業。史丹利・歐尼爾（Stanley O'Neal）2001 年在美林證券（Merrill Lynch）崛起就是一個例子。

　　歐尼爾在嬰兒潮高峰期出生在阿拉巴馬州東部的小鎮威多維（Wedowee）。身為奴隸的孫子，他拿著通用汽車（General Motors）的獎學金就讀哈佛商學院。之後他在通用汽車工作，並在財務部門迅速竄升。但是他把目光瞄準在更大的目標上，儘管對經紀業務沒有興趣與經驗，他還是轉戰華爾街。身為美國銀行業高階主管中少數的非裔美國人，歐

尼爾原本有機會成為當代的偉大領袖，成為美國夢的一個象徵，但他卻選擇一條不同的路。

1986 年，他加入美林證券，短短幾年就成為垃圾債券部門的主管。諷刺的是，在 1990 年德崇證券（Drexel Burnham Lambert）的麥克‧米爾肯（Michael Milken）承認犯下證券欺詐罪後，美林這個部門成為最大的垃圾債券經銷商。歐尼爾後來接管美林的巨額經紀業務，最終變成財務長。當網路泡沫在 1990 年代末期破滅後，他迅速裁掉數千名員工。他的氣魄讓當時的執行長大衛‧科曼斯基（David Komansky）留下深刻印象，並一舉在業界打響名號，大家都認為他能勝任這個冷酷無情的經理人位子。2001 年中，在盟友科曼斯基的幫助下，歐尼爾擊敗其他競爭者成為總裁，但是他還想要更多。

歐尼爾想要擺脫以員工為中心的美林文化。以溫柔親切的「美林媽媽」聞名的美林證券（這是指以前有人性的組織文化）曾經是一個很棒的工作環境。但歐尼爾鄙視這種文化並不是祕密。他認為這樣的文化鬆散且失焦，是擋住目標的障礙。他對培養健康的企業文化毫無興趣。在他眼中，生意就是競爭，而他確實也創造出競爭的氛圍。他推動的企業文化讓員工不光只是努力與外界競爭，在內部也彼此激烈較勁。

我們再一次看到領導者設定組織文化，而歐尼爾設定的

公司文化是「把自己放在別人之前」。911 事件時，美林受到沉重打擊，數百名員工受傷，3 個人死亡。但就在這場悲劇事件發生的一年內，歐尼爾還是解雇數千名員工，並收掉一些公司據點，就跟其他華爾街的公司一樣。

到了 2002 年，歐尼爾成功把對手邊緣化，要董事會強迫他的老朋友科曼斯基提前退休，並任命歐尼爾擔任董事長兼執行長。合群的科曼斯基離開後，企業文化轉型幾近完成。科曼斯基雖不完美，但至少偶爾會到員工餐廳走走，跟大家一起用餐。歐尼爾認為這毫無意義，他沒有興趣把同事當成兄弟會一樣的夥伴。相反地，他搭私人電梯直達 32 樓辦公室。員工被規定不准在大廳跟他說話，如果跟他擦身而過，也不許擋住他的路。歐尼爾從來不浪費任何特權帶來的好處，一到週末就搭專機回到瑪莎葡萄園（Martha's Vineyard）島上的家。

我們努力推動領導者所揭示的願景，也會努力削弱企圖控制我們的獨裁者力量。當信任消失時，歐尼爾的最大威脅來自公司內部，就跟每個獨裁政權一樣。在安全圈中，大家會努力保護領導者，這是他們對領導者提供保護的自然回應。然而這不是歐尼爾在美林的狀況。歐尼爾的直屬部屬已經開始在幕後運作，對美林董事會施壓，削弱他的勢力。歐尼爾聽到風聲，迅速壓制反對派。沒有多久，歐尼爾就已經將自己完全孤立在最高層，讓美林文化幾乎完全被多巴胺中

毒症和皮質醇所造成的恐懼和被害妄想症驅動。「美林媽媽」的日子不復存在。

到了這個時候，公司領導者的注意力都集中在開發高風險債券上面，對房貸市場的興起和崩潰起了推波助瀾的效果。然而還是有人不解，為何這家公司對於即將面臨的大禍毫無招架之力？2006 年夏天，美林投資長傑夫·克朗索（Jeff Kronthal）曾警告歐尼爾有危險，但歐尼爾並沒有與克朗索合作，採取任何保護公司利益的安全措施，反而解雇克朗索。歐尼爾相信，如果有麻煩，只有他能解決問題，所以他緊抓所有控制權。

2007 年 10 月，美林宣布第 3 季損失超過 22 億美元，並認列高達 84 億美元的投資損失。最後，歐尼爾王朝以一個突然且不光彩的方式垮台。早已將自己孤立在員工與董事會之外的歐尼爾決定跟美聯銀行（Wachovia）接觸，在沒有事先跟董事會討論下談論併購的可能。這使得他原本可能獲得的支持全都沒了。這種全面控制值多少錢？歐尼爾在恥辱中拿了超過 1 億 6000 萬美元的資遣費離開美林。

相信公司應該採取「以績效決定薪資」激勵模式的執行長，在公司搖搖欲墜時卻拿到大筆資遣費走人，這種諷刺總是讓我啞然失笑。為什麼股東和董事會不在執行長的合約中加上「假設讓公司蒙羞，禁止拿到任何遣散費」的條文？至少這會符合公司及股東的最佳利益，不是嗎？

圖 18-1　獨裁者領導的安全圈

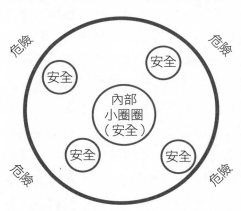

歐尼爾是華爾街思維的極端版，最後終於下台。他將自己孤立在領導的員工之外。而讓狀況更糟的是，他成功地促進內部競爭。因此，他的團隊成員毫不意外地轉過頭來反對他。正如我已經說明的，問題不在於公司如何推展業務，問題在組織內部的人際關係品質，這一切都是從領導者開始。（見圖 18-1）

領導者愈專注在自己的財富或權力，舉止就不會像領導者，並出現愈來愈多暴君的作風。馬克·鮑登（Mark Bowden）在《大西洋月刊》（*Atlantic Monthly*）曾寫過一篇關於海珊的精采文章。描述暴君型領導者的「存在，僅是為了維護自己的財富和權力。」這就是問題。鮑登進一步解

釋，「權力逐漸讓暴君置於世界之外。」而且，正如我們已經知道的，當距離出現時，就會變得抽象，沒多久就有被害妄想症。暴君看到全世界都在對抗自己，只會迫使他們將更多的人拒於門外。他們會對內部小圈圈有愈來愈多的嚴格控制。當他們的孤立感增加時，組織就會跟著受害。

在缺乏來自上層的關心之下，組織內的人就更不可能合作。相反地，相互競爭變成是推進自己利益最好的方式。當這種情況發生時，團隊成員就算成功也不會獲得別人祝賀，反而會被嫉妒。假如我們認為沒有機會進到領導者身邊的小圈圈，那就會形成反叛的種子。但當我們有機會進到那個小圈圈，或假如我們不確定會不會被拋入狼群之中，我們就會無法行動。就是那些草地上發出的沙沙聲，讓我們恐懼有什麼威脅潛伏其中，引發皮質醇流入我們的血液。正是皮質醇讓我們與孤立的高層領導者一樣充滿被害妄想，只專注在自我保護，這就是歐尼爾在美林做的事。他將組織原本會保護團隊成員的文化，變成一個充滿不確定的文化。而且，如同在伊拉克一樣，這沒有留給公司堅實的基礎，好讓組織永續經營。因為這樣一來，公司內部根本就沒有足夠的信任。

歐尼爾的崛起與下台不光是一個人的野心如何搞垮一家公司的故事。到最後，所有人與所有事都因此受害。當所有控制都集中在最高層時，只會導致一個結果：最終的崩潰。

▌真實的力量

　　大衛·馬科特（David Marquet）是一個潛艇軍官。他很聰明，海軍官校前幾名畢業。事實上，他之所以能一路在海軍晉升，部分原因得歸功於他的聰明才智。他知道正確的答案，能做出完善的指令，並且下達適切的命令。他是領導者，因為他能控制大局（至少他受到的教育是如此）。

　　跟許多組織一樣，海軍以表揚和升官的方式來獎勵聰明、目標導向的人。馬科特艦長一路往上爬，終於贏得海軍軍官最高的榮譽：管理一艘艦艇。他是奧林匹亞號（USS Olympia）這艘洛杉磯級核子攻擊潛艇的艦長。海軍艦艇也有「嬰兒潮世代」，就是那些攜帶核導彈的大型潛水艇。較小型、靈活、可進行快速攻擊的潛水艇則被設計用來追捕其他國家的「嬰兒潮」艦艇，如果與「嬰兒潮」艦艇對峙，小型潛水艇就要在對方有機會發射導彈前將其摧毀。這種精心設計的貓捉老鼠遊戲在全球的海洋中不斷上演。現在，馬科特艦長就是這場遊戲中的關鍵玩家。

　　為了接手這份工作，馬科特花一年時間研究奧林匹亞號系統和艦隊成員。秉持著典型的馬科特風格，他盡可能努力學習一切。他摸清楚奧林匹亞號上的每條管線與每個開關。他熟讀人事資料，盡可能了解艦隊成員。與許多掌權者一樣，他覺得要成為一個可靠的領導者，要了解愈多愈好。

　　在馬科特艦長準備接掌奧林匹亞號不到兩週前，他意外接到高層電話。計劃有了改變，他改派為聖大菲號（USS Santa Fe）艦長。這是一艘稍微新一點的洛杉磯級核子攻擊潛艇。但在這裡有另一個挑戰：聖大菲號的成員在戰備準備與人員流動等指標幾乎都墊底。如果說奧林匹亞號是強中之強，那聖大菲號就是倒數第一，是核子潛艇中的「弱雞」。跟許多有強烈自我意識與會動腦的資深主管一樣，他認為自己有辦法掌控大局，讓這艘艦艇谷底翻身。如果他的命令下得好，他會擁有一艘很好的艦艇。而且如果他可以下達很棒的命令，他就會擁有一艘很棒的艦艇……，他這樣計劃。

　　就這樣，在 1999 年 1 月 8 日，馬科特艦長走下珍珠港碼頭，來到這艘價值 20 億、比美式足球場稍微長一點的艦艇，那是 135 名艦隊成員當時的家。聖大菲號是海軍艦隊最新的一艘艦艇，配置許多先進設備，只不過這些配備跟馬科特艦長原先了解的奧林匹亞號不太一樣。習於發號施令的人如果處在不完全了解的狀況下，往往可能會無視於自己的無知。更糟的是，如果擔心其他人質疑他的權威，他可能會隱藏自己的無知。馬科特艦長知道要依靠他的船員來填補知識的不足，他把這個事實藏在心底，不讓其他人知道。他的專業知識是權威的來源，一旦沒有這個，他跟許多領導者一樣擔心會失去船員對自己的尊重。

　　可是人的積習難改。馬科特艦長沒有詢問船員來幫自己

學習，反而權力一把抓，用他最擅長的做法開始發號施令。一開始似乎有效，一切進行得很順利。一聽到他的命令，船員馬上就去做，在這裡聽到「是的，長官」，那裡也聽到「是的，長官」。老闆是誰，毫無疑問。血清素流過馬科特艦長的血管，感覺還真不錯。

　　隔天出海後，馬科特艦長決定進行一場演習。他命令把核子反應器關閉，模擬反應器發生故障的狀況。他想看看他的船員如何面對真實狀況。過了一段時間，一切看似順利進展，船員執行所有必要的檢查和預防措施，並將潛艇切換到「電池驅動」（EMP）的航行模式。雖然電池驅動不像核子反應器的威力一樣強大，仍可以讓潛艇保持低速前進。

　　但是艦長想進一步測試艦艇成員，看看稍微多點壓力會有什麼反應。他對負責艦艇導航、也是船上經驗最豐富的甲板指揮官下一個簡單的命令：「以 2/3 的功率前進」，這意味他要船員以電動引擎最大功率 2/3 的速度來前進，這會讓艦艇跑得更快，但也會讓電量消耗速度更快；因此，這會增加讓核子反應器重新開機與再度啟動的緊迫感。

　　甲板指揮官確認艦長的話，並大聲重複他的命令，指示潛艇駕駛加速前進。「以 2/3 的功率前進。」他對舵手說，但什麼都沒有發生，潛艇的速度維持不變。

　　馬科特艦長從潛望鏡望出去，看著被召來執行命令的資淺成員。這名年輕的水手坐在控制台上，不安地動著。「舵

手」，馬科特艦長喊了一聲，「有什麼問題嗎？」年輕的水手回答，「報告長官，艦艇沒有 2/3 功率的設定。」跟馬科特艦長待過的其他潛艇不同，在較新的聖大菲號上，電池驅動引擎並沒有 2/3 的設定。

馬科特艦長轉向已經在艦上超過兩年的指揮官，問他是否知道沒有2/3功率的設定。「是的，長官，」指揮官回答。馬科特艦長不禁傻眼地問他：「那你為什麼還要發出這個命令？」

「因為你叫我這麼做。」指揮官說。

到這個時候，馬科特艦長不得不面對現實：他的船員受到的訓練是服從命令，而他是在另一艘艦艇接受培訓。如果人人只是因為他是領導者而盲目服從命令，那有些可怕的事就可能會發生。「在一個從上而下的領導文化，領導者犯錯會怎樣？每個人都會掉進懸崖。」馬特科艦長後來寫道。如果他要成功，他就必須學會比信任自己更信任最底階的船員，他別無選擇。（見圖 18-2）

核子動力潛艇跟企業不同。在一家企業裡，我們會認為事情出錯時，只要換掉工作人員或改變技術就能讓情況好轉，有太多企業領導者認為這個選項是一大優點。這個選項也假設不對的人會被解雇，對的人會被新錄用。然而如果我們像馬科特艦長指揮潛艇一樣地經營公司呢？他無法返回靠岸，要求換上一組更好的船員和他更熟悉的船，這是馬科特

圖 18-2 賦予權力給最接近資訊的人

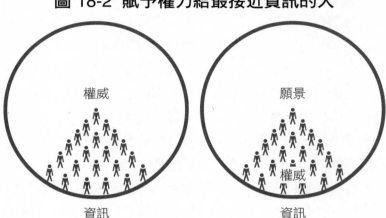

艦長面臨的挑戰。儘管他博學多聞又聰明機智，但他發現自己對領導所了解的一切竟是錯誤的。他不能再讓船員盲目服從他的命令，這會導致災難性的後果。現在他需要每個人都用頭腦思考，而不僅僅是執行任務而已。

馬科特艦長解釋：「那些在高層的人擁有權威，卻沒有資訊。那些在底層的人知道所有的資訊，卻沒有權威。直到沒有資訊的人放棄控制後，組織才能運轉得更好、更穩、更快，發揮最大的潛力。」馬科特艦長說，當時的問題是，他對控制已經「上癮」。而他的船員就像許多對階層體系詮釋有問題的組織一樣，被訓練一定要聽命行事。在一個很少人會對自己行為負責的組織中，壞事終將在某個時間點發生。

但那些壞事原本就可以避免。

我們不禁會想著那些因少數人自私心態的決策而發生危機的公司，不管這些人是不是做出不道德的行為、犯罪，或只是行為違反組織利益，他們和他們的領導者似乎都不用承擔責任。而且他們還會指責別人。事情沒做好時，共和黨指責民主黨，民主黨指責共和黨。房貸公司指責銀行，銀行指責房貸公司，口口聲聲說對方是 2008 年金融危機的禍首。真慶幸他們都不是負責指揮核子潛艇的人。

馬科特艦長逐漸明白，領導者的角色並不是大聲發號施令，為任務的成敗負責。相反地，領導者的工作是要為團隊中每個成員的成功負責。領導者的工作是要確保他們接受良好的訓練，並有信心履行職責。除了賦予成員責任，也要確認他們往目標前進。如果艦長提供指示和保護，船員就會執行完成任務需要做的事。馬科特艦長在《逆轉航向！》（*Turn the Ship Around!*）書中讓我們了解他採取的具體步驟。他指出，只要培養一個更了解狀況的人、也就是賦予真正執行工作的人決策權，任何組織都可以採用這些步驟。

馬科特艦長的一個做法是把「請求許可」的文化改變為「強調意圖」的文化。他在聖大菲號上完全禁止使用「允許」這個字眼。

「長官，請允許潛艦潛到水面下。」

「我允許。」

「是的，長官，潛艦將潛到水面下。」

這個原先的標準作業流程被簡單換成，「長官，我打算將潛艦潛到水面下。」

命令傳達的順序仍維持不變，唯一的差別在心境轉折。執行命令的成員不只是執行一項被指派的任務，而是有權限做這件事的人。問他「我打算」的想法可以用得多廣，馬科特艦長很快指出，只有 3 件事不能委託其他人。「我的法律責任不能交給其他人，我的人際關係不能交給其他人，我的知識不能交給其他人。其他我都可以要求別人負起責任。」

這個模式之所以引人注目，這 3 項職責之所以重要，就是因為雖然它們不能交給其他人，卻可以分享給其他人，而這正是優秀領導者會做的事。他們分享知識，請教專家協助他們執行任務，並在內部網絡中介紹給成員，讓彼此建立新的關係。糟糕的領導者會把這些據為己有，錯誤地認為因為自己的聰明才智、官階或人際關係，才讓自己變得有價值，但事實並非如此。在一個擁有強大安全圈的組織中，不僅領導者願意分享知識，其他人也是如此。我們再次看到，領導者如何設定組織的基調。

當領導者透露他們的專業不足和失誤時，我們不僅會更願意幫忙，也更樂於分享過去犯錯或事情出問題的經驗。在安全圈裡，錯誤不是我們害怕的事。在缺乏安全感的組織中，人們更容易為了自我保護而隱藏錯誤或問題。問題是，

當這些錯誤和問題沒被解決，往往會日積月累，到後來變得嚴重到浮上檯面。

這就是馬科特艦長學到的教訓。只有面臨失敗模式，達到失敗或絕望的臨界點，或是意識到永遠無法期望執行任務的人能發揮最佳能力做好工作的時候，他的全部焦點與努力才會出現改變。馬科特艦長抗拒想要發號施令的本能。現在，他很開心能把權力下放，看到其他人挺身負起被交付的責任。潛艇上組員間的關係變得更密切，信任與合作的文化顯著改善。事實上，他們進步的幅度很大，在他的領導下，一度在美國海軍潛艦中排名吊車尾的聖大菲號組員，後來變成美國海軍史上最好的組員。

「一個領導者的目標是不下命令，」馬科特艦長解釋，「領導者提供方向和目標，並讓其他人清楚該做什麼與如何達成目標。」這是大多數組織所面臨的挑戰。「我們培養人去遵守命令，卻不去思考，」馬科特艦長繼續說。如果人們只懂得服從命令，我們不能指望成員為他的行為負責。指揮系統只對命令服務，而不是對資訊服務。責任不是執行我們被告知的任務，這是服從。責任是做出正確的事。

馬科特艦長讓艦隊從倒數第一變成第一名，這是個小成就，對他服務組織的長期成功並沒有顯著價值，這就像達成一季或一年的目標一樣，卻忽略 10 年的長期績效。馬科特艦長創造出的環境，讓驅動人類行為的各種化學物質變得更

為平衡。他在聖大菲號上建置鼓勵信任與合作的文化，而不僅僅是服從和成就的機制。當組員的催產素和血清素提高，他們的驕傲與對彼此的關心也跟著增加，表現更好。隨著社群性化學物質的流動，他們也變得更能共同解決問題。

跟歐尼爾在美林帶領的員工不一樣，聖大菲號組員從等待被告知任務、努力保護自己，變成願意為彼此犧牲、努力推動整體的利益。他們並沒有試圖挑戰他們的艦長，他們想讓他感到驕傲，結果每個人都受益。

聖大菲號組員的續約服役率從馬科特艦長接手前一年的3％，到接手後激增到33％（海軍平均為15％到20％）。平均每艘潛艇大約有2到3名軍官會被挑選出來接掌其他艦艇。相比之下，聖大菲號上的14名軍官中就有9人後來成為艦長。聖大菲號不只進步，還培養出領導者。

在物理學上，力量的定義是能量的轉移。我們以瓦特來衡量燈泡的功率。瓦數愈高，就表示有愈多的電力被傳輸到光能與熱能中，燈泡也就愈亮。組織與領導者的運作跟這個道理一模一樣。更多的能量從組織的最高層移轉到真正執行工作的人手上，也就是那些更熟知日常運作狀況的人，組織就會變得更強大，領導者也會更有力量。

19 誠信至上

　　上校因為開會遲到幾分鐘道歉。他解釋剛處理一件「小事」。他身材壯碩，是不折不扣的海軍陸戰隊員。身材高大挺拔，寬闊的胸膛，苗條的腰圍，穿著仔細熨燙過的制服，抬頭露出滿滿的自信。他是掌管維吉尼亞州廣提科（Quantico）海軍陸戰隊軍官培訓學校的軍官，他非常重視這份職務。

　　雖然從技術上來看，這所學校要培訓海軍陸戰隊的軍官，但海軍陸戰隊的隊員會告訴你，學校更像是在篩選軍官。在新兵訓練營（對招募而來的海軍陸戰隊士兵進行的基礎訓練）被踢出去固然不太可能，但如果無法在學校達到海軍陸戰隊的領導者標準，那未來就不可能變成軍官。只是想成為領導者，願意努力奮鬥還不夠，在民營企業只要有好的工作表現就可以得到領導職務的獎勵，但在海軍陸戰隊不一樣，領導要看個性，只有力量、才智或成就並不夠。

　　那天，有個軍官候選人出了問題，所以上校得前往關切。事實上，這個事件嚴重到他們考慮將這個候選人退學。我很好奇，所以我問上校到底這位候選人做了什麼，竟然可能會結束職業軍官生涯。應該是相當嚴重的事才對，我懷疑他犯了罪。

「他在值夜班的時候睡著了。」上校說。

「就這樣？」我說，「你們比我想得還嚴格。」這傢伙睡著了。又不是在戰場，他也沒有讓任何人受到生命威脅。他只是在森林中睡著了，而且還是維吉尼亞州的森林。「這足以結束他的職業生涯？」我心想。

「跟他睡著沒有任何關係，」上校說，「我們問他這件事，他否認。我們再問他一遍，他還是否認。只有拿出無可辯駁的證據時，他才說，『我想對我的行為負責。』我們的問題是，在執勤的時候才需要為行為負責，而不是在被舉報的時候。」

他接著解釋，在海軍陸戰隊，信任和誠信是攸關生死的大事。如果這個可能的領導者擔任海軍陸戰隊排長，而他的隊員卻不能完全相信長官提供的資訊，不論是好、是壞或無關好壞的資訊，這些海軍陸戰隊員可能會猶豫，質疑長官的決定，這就很難團結成為一個團隊。當這種情況發生時，當我們無法信任應當負責的人時，壞事就會發生。在海軍陸戰隊，這意味著可能有人因此喪命。

如果被告知要服從長官的海軍陸戰隊員對長官有任何一秒的懷疑，擔憂長官會迴避真相或者不對自己的行為負責，而僅是想自保或讓自己看起更棒；那安全圈就會縮小，小組的整體組織和能力也會隨之削弱。海軍陸戰隊之所以傑出，不僅是因為成員身材高大、強壯和勇敢。除了他們很擅長自

己的專業，更因為他們互相信任，並毫無保留地相信身旁的其他隊友都會盡到本分。這是海軍陸戰隊何以表現優異的原因。

這個道理適用在每一個組織，即使是決策非關生死的組織。當我們懷疑企業領導者說的話是為了讓自己或公司看起來比實際情況還厲害，或是為了避免遭到羞辱或負起責任的時候，我們就會開始猶豫是否能信任他們。這是很自然的反應。時時想著要活下來的大腦會以此來詮釋收到的訊息。如果我們懷疑領導者操弄真相，只為了做對自己有利的事，那麼，我們的潛意識就會告訴我們不要跟他們一起爬進散兵坑裡。

另一個海軍陸戰隊員也睡著了，但他立刻承認，並接受適當的處罰。從領導的角度來看，海軍陸戰隊不覺得他有問題。犯錯沒有關係，他很誠實地立刻為自己的行為負起責任。海軍陸戰隊明白，領導並非表示永遠都要是對的。領導不是戴在領子上的官階，這是一份幾乎緊鎖在我們性格上的責任。領導講求誠信、誠實與負責，這些都是信任的要素。領導不是告訴成員想聽的話，而是說出大家需要聽的話。要成為真正的領導者、創造深刻的信任和忠誠度，得從說實話開始。

▋ 為什麼信任很難建立？

一位企業執行長說：「誠信是我們信任的基礎。」

《韋氏大辭典》（*Merriam-Webster's Collegiate Dictionary*）解釋，「誠信」是指「堅定奉行一組規範，尤其是道德或藝術價值。」這意味誠信的經營有時比依法行事的標準還高。「廉潔」常被當成「誠信」的同義字。誠信不只是一個寫在公司牆上的「價值觀」，而是團隊成員相信彼此的理由。套用這位執行長的話，這是我們信任的「基礎」。

我們需要知道別人（尤其是我們的領導者）給我們的訊息是真或假，是好消息還是壞消息。我們需要知道他們說話的意思。如果我們懷疑他們的誠信，我們就無法把自己的生命或所愛的人的生命交付到他們手上。如果我們懷疑一個人的誠信，在跟他一起跳進散兵坑前，我們會躊躇猶豫。在我們大腦的認知中，我們社群成員的誠信是個攸關生死的問題。

身為人類這種社會動物，我們的神經連接不斷評估其他人給我們的資訊，與他們採取的行動，這是持續不斷的過程。我們不會在一個人告訴我們一件事後就信任他，儘管他說的是事實。除非有足夠證據滿足大腦的要求，證明某個人或某個組織是個誠實的對象，才會出現信任。這就是為何想讓誠信奏效，誠信就得被付諸行動，而不僅是一種心理狀

態。誠信是言行舉止與意圖一致。缺乏誠信，好聽叫虛偽，難聽就是說謊。在商業世界中，組織領導者最常見缺乏誠信的行為就是說其他人想聽的話，而不是說出真相。

這是我們不相信政客的原因。雖然我們可能會坐下來看政客提出的政見，但我們傾向不信任他們，因為我們懷疑他們都不相信自己說的話，我們甚至不會完全同意或相信親密友人和家人說的話。所以照道理來說，如果一個政客跟我們的立場完全一致，他們就沒有完全誠實。

政治人物在競選時花時間在路邊和選民握手，了解選民的想法。但如果他們真的關心我們，他們應該會一整年都跟我們握手，和我們碰面，而不是在他們有需要時才這樣做。2012 年美國總統候選人朗・保羅（Ron Paul）的觀點在美國不受歡迎。然而他比其他候選人更值得信賴，因為他願意表達那些明知選民不會讓他當選的意見，這些意見跟他說的話立場一致。雖然我不同意保羅的許多看法，也不會投票給他；但在散兵坑裡，比起其他我投票支持的人，我反而會更願意相信他，只因為他有誠信。

誠信並不是我們贊同其他人的意見時誠實相對，而是在意見不同或我們犯錯或失誤時，仍然能對坦承相對，這很重要。我們再次看到建立互信關係是一件攸關生死的大事，正如我們追求社群生活的大腦一樣。在現代西方生活，這是攸關安全、可靠與受到保護的感覺，好拿來對抗孤立和脆弱的

感受。我們需要人們在躊躇不決時能坦承，而不是試圖掩蓋或編故事來保護形象。任何編故事的動機都是為了自己的利益，而當危險出現時，這種自私的動機會傷害我們的團隊，這並不難理解。

對領導者來說，誠信尤為重要。我們必須相信他們選擇的方向是對「大家」都很好的方向，而不是只對「他們」好而已。身為團隊成員，我們想要有歸屬感，並獲得團隊的保護和支持，因此我們經常盲目跟隨領導者，相信（或希望）這樣做符合我們的利益，這是我們與領導者的交易。在團隊中的我們會努力把領導者設定的願景化作現實，他們則會隨時提供保護，包括誠實的評估狀況和評論。我們需要感覺到他們真正關心我們，就像那位執行長說的一樣。

「誠信是我們信任的基礎。」沃爾瑪（Walmart）的執行長、總裁、全球薪酬委員會主席兼主任，以及執行委員會主席麥克・杜克（Michael Duke）對股東這樣說，「我們的文化造就我們，這不只是寫在總部辦公室牆上、或釘在店面後面房間公告欄上的空洞字眼。文化讓我們與眾不同，文化讓我們在競爭中脫穎而出，文化在各地員工的心中。所以無論我們走到哪裡，不論我們如何改變，我們都必須保持我們強大的文化。我真的相信，尊重個體、把客戶擺第一位、追求卓越與受人信任的零售業者會贏得未來。」

我佩服相信文化價值的領導者，我尊重以人為本的領導

者，我對相信誠信是組織基礎的人有著深深的忠誠。這些信念會創造出非常強大的文化。在這種文化中，人人會對彼此與組織許諾奉獻。以人優先的態度和堅持誠信是美國海軍陸戰隊的文化核心，正是這樣的文化讓貝瑞威米勒公司做出那樣的決定（即使他們不會發出新聞稿做這樣的聲明）。

在那場股東大會上，杜克還說到公司經營的優先要務是「成長」，這是什麼意思？我想那是說客戶數要成長！這是否意味一群人共同擁有價值觀與信仰只不過是寫在牆上的一張清單？

根據沃爾瑪 2011 年的股東委託書，杜克那年拿到 1810 萬美元的薪酬。但股東委託書中沒有透露的是，公司已經修改杜克的獎金計算方式。多年來，沃爾瑪執行長的獎金是以單一店面銷售額來計算，但杜克當家的董事會修改這個標準，改以公司整體銷售金額來算，這是更容易達成的目標。事實證明，單店銷售額已經連續下滑兩年，這會減少杜克可以拿到的獎金。隨著規則的改變，他的「績效」評估可以用全公司營收來看，而這個數字因為沃爾瑪國際（Walmart International）在海外積極展店而大幅提升。

威斯康辛州肯諾沙（Kenosha）的賈姬·格貝爾（Jackie Goebel）是沃爾瑪員工。跟杜克一樣，她也因為公司績效拿到年度獎金。2007 年還是以單一店面銷售額來計算時，她得到的獎金超過 1100 美元。但跟杜克不同的是，她的獎金

結構並沒有改變。因此，在杜克賺到 1810 萬美元的同一年，戈貝爾女士的獎金僅有 41.18 美元。規則的改變沒有讓組織中所有人受益，只有最上層的人受益而已。

　　儘管杜克和董事會宣示的優先事項不像他們表現出來的行為，即使他們的行事方式似乎完全違反誠信的定義，但這並不完全是他們的錯。問題是，他們只能從試算表解讀數字，才能理解自己的決策會對其他人造成什麼影響。這是「豐富資源的破壞性」的一個副作用。他們經營的規模這麼大，怎麼可能期待他們將安全圈擴大到自己和其他資深主管之外那些不認識的人？

　　當我們的領導者在抽象狀態工作時，他們自然會把自己的利益放在其他人利益前面。內部小圈圈比範圍更廣的安全圈更為優先。不僅如此，這個例子也讓其他人有樣學樣。當領導者採取行動來保護自己的利益，尤其是採取會犧牲其他人利益的行動時，就是給其他人一個訊息：這樣做沒有問題。就因為這一點，我們應該要求杜克為決策負起責任，他的決策讓人質疑他的誠信。

　　公司的領導者為員工設定基調和方向。偽君子、騙子和自利的領導者創造的文化就會充滿偽君子、騙子和自利的員工。相對之下，講真話的企業領導者會創造出員工願意說真話的文化，我們只不過是效法領導者而已。

　　2005 到 2009 年，美國服裝品牌拉夫‧勞倫（Ralph

Lauren）的阿根廷子公司總經理與員工定期賄賂政府官員，以換取貨品快速通關，並允許公司規避進口法規。員工透過海關行賄，誇張到做假發票來掩蓋事跡。他們製作假標籤來掩飾款項，描述為「裝貨和運送」費用、「稅款」等。4 年多來，阿根廷員工送給海關官員的禮物，包括現金、珠寶、昂貴衣服，甚至手提包，價值超過 1 萬美元。

這已經違反國貿法規，因此在得知相關罪行後，拉夫・勞倫總公司領導者發出警報。他們大可掩蓋罪行，或至少聘請一家昂貴的公關公司編造一個精細的故事，試圖保護公司面對任何可能的連帶責任。但相反地，在得知賄賂事件幾天後，拉夫・勞倫的高層主管主動聯絡美國主管機關，解釋他們發現的罪行，並在聯邦政府調查時提供進一步的協助。

母公司掌握到行賄金額已經高達近 60 萬美元。最終，拉夫・勞倫總公司被迫向美國司法部與證券交易委員會繳納 88 萬 2000 美元與 73 萬 2000 美元的罰鍰。然而，這個代價是值得的。就像在執勤時睡著的海軍陸戰隊員負起責任並且接受懲罰一樣，拉夫・勞倫展現出它值得信任。所有的領導者就是要說出真相。罰款可能讓公司付出 160 萬美元的代價，但如果他們不誠實，這會賠上公司的聲譽，以及與合作單位所建立的信任，賺錢不值得賠上誠信。

建立信任需要的無非就是說實話。就是這樣而已，沒有複雜的公式。出於某種原因，太多的人或組織領導者無法說

建立信任需要的無非就是說實話。

出真相，或選擇編造故事，好讓自己看起來沒有做錯任何事。再一次，我們那總是用生存來評估一切的原始大腦會看穿他們。這就是為何我們往往不信任政客或大企業。這與政治或大企業無關，而是政治家和企業領導者選擇與我們交談的方式。

我們每個人都應該看看我們效命的主管或公司領導者，並自問「我會想跟你在同一個散兵坑裡嗎？」相對的，仰賴我們辛勤工作的主管和公司領導者也應該反過來問自己，「如果答案是否定的，那麼，我們公司有多強大？」

▎「企業說真話」的一門課

美國銀行（Bank of America）計劃向使用簽帳金融卡購物的客戶每月收取 5 美元的費用，引發客戶反彈。公司執行長布萊恩・莫伊尼漢（Brian Moynihan）宣稱公司有「賺取利潤的權利」。

但這樣的聲明並無法平息被美國銀行激怒的客戶。他們群情激憤，誓言要結清帳戶以示抗議。在洛杉磯和波士頓都出現示威遊行。華盛頓有名女子收集到 30 萬份簽名，對抗這家來自北卡羅萊納州的公司。進一步助長怒火的是，他們

發現不是每個帳戶都有這項收費。最有錢的客戶可以免繳這項費用，大部分的一般支票帳戶才會受到影響，而這些人很多是月光族。

美國銀行拒絕透露新政策後帳戶結清數量是否高於平均水準。不過在 2011 年 11 月 1 日星期二，正好是消息宣布的 33 天後，美國銀行發出新聞稿，決定撤銷這個方案。

大公司的領導者可以隨時改變決定，我們知道人和公司都會犯下錯誤，做出愚蠢的選擇，我們可以完全接受這個事實。做出正確的決定，不會醞釀出人與人之間或人與組織之間的信任，誠實才會，而美國銀行取消收費的決定沒有做到的就是誠實。

美國銀行一開始在業務部討論附加費的想法。在那當下，他們很明確直接地表達出他們的動機和意圖。跟其他銀行相比，他們大聲反對「多德—法蘭克法案」（Dodd-Frank Act），這個法案限制銀行在金融危機後可以收取費用的方法。「提供簽帳金融卡的經濟模式因為最新法規出現變化。」美國銀行一位女性發言人說。這些新費用的目標是為了彌補銀行短少的收入，許多銀行正考慮這麼做，美國銀行只是第一家扣下扳機的銀行。

公司對金融界有一套說法，但對大眾說的又是另一套。當他們正式宣布這個方案時，他們竟然還厚顏無恥地說，收取這項費用是為了「幫助客戶充分利用所有附加服務，例如

免欺詐保護。」這是很糟的謊言。就像通用汽車告訴我們，每天開車多繳 5 塊錢就可以享受新車所有的神奇功能。但是美國銀行的客戶並不買單。因此，在眾怒睽睽之下，銀行改變說法。在一份只有短短幾句話、簡潔有力的新聞稿中，他們試圖抹去過去行為所造成的傷害。

北卡州夏洛特，2011 年 11 月 1 日（商業新聞網）──

美國銀行不會收取簽帳金融卡使用附加費

為了回應客戶的心聲和不斷變化的競爭市場，美國銀行不再收取簽帳卡使用附加費。

「過去幾週以來，我們密切聆聽客戶的聲音，並承認我們了解客戶對於我們提出簽帳金融卡使用附加費的關切，」美國銀行共同營運長大衛・達納爾（David Darnell）表示，「我們很在乎客戶的心聲。因此我們不會立即收取這項費用，而且沒有其他計劃來推動這種做法。」

岔個話，「傾聽客戶聲音」通常是在下決定前該做的事，而不是在之後吧！但別讓我們為這種小事心煩。現實情況是，銀行高層主管聽到的，其實是電視節目主持人的鞭撻聲、辦公室裡抗議人群的叫罵聲，以及存款離開帳戶的聲

音。據說結清帳戶數字高出平均水準許多，讓銀行感到很不對勁。

美國銀行要與客戶和華爾街建立信任關係，需要做到的唯一一件事，就是說實話。就是這樣。他們發布改變決策的新聞稿，應該要更像下面這樣：

北卡州夏洛特，2011 年 11 月 1 日—

美國銀行沒預期到強大的反彈聲浪

為了回應客戶的反彈與負面的媒體評論，美國銀行不再收取簽帳金融卡使用附加費。

「我們正面對比以往還更嚴峻的經濟挑戰，」美國銀行共同營運長達納爾表示，「為了增加營收，我們認為可以嘗試針對使用簽帳金融卡購物的客戶來收取費用。我們知道會有些反彈，但沒想到聲浪會這麼大。因此，我們不會繼續推動任何方案，針對客戶使用簽帳金融卡購物來收取任何附加費。此外，我們要為我們的短視表示歉意。面對我們寶貴的客戶與他們對我們財務狀況的影響力，我們的確學到很重要的教訓。」

儘管他們的決定仍舊完全違背客戶的利益，但只要誠實

面對，對於建立雙方的關係就會更有幫助。假設美國銀行直接說實話，反而可能可以提高他們的聲譽。我們對一個組織的信任跟對一個人的信任都是建立在同樣的方式上。我們需要知道什麼事情會發生，才有辦法更自在地悠遊於社群關係中，知道我們在誰面前可以展現自己脆弱的一面，在誰面前可以顯露我們的弱點或依靠他們。這與輸贏無關。我們只是想知道跟你同在一個散兵坑裡是否安全。

就像只有在被抓包後才要「對自己行為負責」的那個海軍陸戰隊員一樣，現在企業界也在做同樣的事，這讓人不安。當一個公司被逮到手已經伸進餅乾罐中時，領導階層會開會討論要減輕懲罰或避免懲罰，還是會討論是否必須基於更高的道德標準做出正確的事？跟拉夫‧勞倫的領導層不同，美國銀行的領導者選擇編造故事，展現出關心客戶的嘴臉，但簡單的事實是，他們是因為更關心自己才這樣做。

假設你的老闆告訴你，公司突然失去最大的客戶，因此公司打算重整，你和一些同事將不得不減薪，甚至得休無薪假，當然這是一段艱難的時間。但是你的老闆說，如果你願意留下來，一旦情況好轉，你會得到補償。你相信從誰的口中說出的話？是美國銀行的主管，或是拉夫‧勞倫的主管？這就像是禪宗所說，「你做一件事的態度，就是你做所有事情的態度。」

20 寧可做朋友，不要做敵人

1990 年代初期，喬治亞州第六選區的共和黨國會代表紐特・金瑞契（Newt Gingrich）對民主黨數十年來執掌眾議院感到失望，決定奮力一戰，讓共和黨拿下多數席次。麻煩的是，他試圖操弄一個不算壞掉的系統。

當時兩黨合作得還不錯。跟現在狀況不同，當時的民主黨雖然掌握多數，但首要目標不是掌控權力，而是完成事情。民主黨知道，不論哪個黨是多數，都需要互相合作，因此每達成一個目標，民主黨不會把全部的功勞都歸為自己。透過幕後的努力協調，兩黨都可以聲稱自己是勝利的一方，對各自的選民交代。在一場場的選舉下來，民主黨維持多數，但這並不是因為他們比較好。當控制不是首要目標，事情就能做得好，兩黨就能攜手，合作滿足各自需求。

當時當選的國會議員會舉家遷到華盛頓特區，並在議事行程允許下盡可能回到選區辦事處。在華府，他們生活在一個小世界，他們的家人都上相同的教堂和學校。民主黨和共和黨員白天在委員會爭論、批評對方，晚上參加同一所學校的活動、後院烤肉會，以及雞尾酒派對。儘管有分歧，但一樣培養出人際關係，形成信任彼此與相互合作的能力。

前新聞主播與哈佛大學約翰甘迺迪政治學院（John F.

Kennedy School of Government）研究學者查理・吉布森
（Charles Gibson）敘述，南達科他州的民主黨參議員喬治・
麥高文（George McGovern）與堪薩斯州共和黨參議員鮑
伯・多爾（Bob Dole）可以在參議院發言反對對方的政策，
稍後又像好朋友一樣坐在一起。另外像是發言大膽的眾議院
民主黨議長提普・奧尼爾（Tip O'Neill）也會定期與共和黨
領袖鮑伯・米歇爾（Bob Michel）開會，他們合作無間。

　　吉布森回憶，1980 年代初期討論雷根總統的減稅政策
時，奧尼爾告訴國會：「（總統）不關心、不顧慮且毫不在乎
國家百姓。」對此，雷根總統指責奧尼爾「純粹在蠱惑人
心」。後來，當總統致電奧尼爾希望讓風波平息時，據說奧
尼爾這樣回他：「老伙計，這就是政治。晚上 6 點以後我們
可以是朋友，但 6 點以前就是政治。」只不過這些日子以
來，政治似乎從白天持續到黑夜，從沒有給友誼留下一點點
時間。

　　就是這樣，針鋒相對的兩黨議員，透過友誼跨越鴻溝，
給它們客觀的視角，然而他們都感受到共同的目標，雖然在
華盛頓有分歧，但國會的運作在 1960、1970 與 1980 年代大
部分的時間都很好。民主黨和共和黨國會議員大多能找到合
作的方式。如同生物學與人類學協助我們了解的道理一樣，
當我們實際一起工作時，事情可以有效推展，我們得以認識
彼此。

　　然而，金瑞契似乎只想要贏，這讓國會有了改變。合作不再是可能，新的目標是控制。他選擇搗毀既有系統。為了破壞現狀，他說這是個腐敗的系統，唯有徹底改革才能拯救。1994 年他成功了，共和黨拿下眾議院多數席次，金瑞契擔任議長控制大局，兩黨合作的希望結束。

　　掌權後，金瑞契推動全面改革，徹底推翻華盛頓原先的運作方式。它先從募款開始。改變之一是眾議院成員花更多時間在家鄉的選區，而不是在首都。1980 年代有將近 2/3 的國會議員住在華盛頓特區。今天住在華府的議員大概只有 2 到 3 位。議員到華府只會待上短短幾天，週二抵達國會，週四晚上回到家鄉。這樣的結果是民主黨和共和黨的關係發生重大轉變。議員為了募款，大部分時間都遠離工作地點。兩黨議員現在更沒有交談的機會，當然也不像上一代國會議員有定期的社交活動。因此，雙方幾乎沒有機會建立信任。

　　當然，今日國會嚴重分歧還有很多力量作怪，金瑞契的權勢只是一個原因。選區重劃和高度政治化的媒體導致兩極化，過度依賴網路也是一個原因。當你可以從任何地方發送電子郵件，為何還需要在華府面對面工作？

　　國會議員將分享權力變成私囤權力。由於沒有號召力的單一願景或目的，政府的治理方式開始從無私追求公利變成追求私人利益。就像企業從服務客戶變成服務股東一樣，國會文化也從講求合作變成意志力的較量。

　　所有領導者為了能真正領導，都需要走到大廳，並花時間跟提供服務的人共處。這就是海軍陸戰隊所謂的「用眼珠領導」（eyeball leadership）。這個道理同樣適用民意代表。然而實際情況並非如此。今天，國會議員花更多時間在家鄉服務選民，但實際上並沒有這樣做。沒有證據顯示回到選區的民意代表去參訪工廠，或與市民合作，深入了解選民的需求（也許選舉季節例外）。他們回鄉更多是在募款，確保自己能競選連任。當我們跟共事的人中斷連結時，我們會花更多時間聚焦在自己的需求上，而非應該為其負責的人身上。

　　一份給新當選民主黨國會議員看的簡報中，民主黨國會競選委員會（Democratic Congressional Campaign Committee）推薦議員的華府「模範時間表」包括：打募款電話 4 小時、選區參觀 1 到 2 小時、院會或委員會工作 2 小時、拓展戰略關係（早餐、會面和問候、聯絡媒體等）1 小時，以及充電時間 1 小時。事實上，曾擔任國會議員的湯姆・佩列洛（Tom Perriello）告訴《哈芬頓郵報》（*Huffington Post*）：「4 小時募款是保守的數字，以免讓新進議員太驚訝。」

　　無論議員是否遵守這份時間表，這都說明國會議員要達到募款數字、勝選，並且繼續執政的壓力，國會議員不再朝建立關係、找到共同立場，以及為了共同幸福前進。就像一家上市公司的執行長更在乎勝利和數字，而非實際執行工作的人一樣，我們的民意代表也把該做的優先事項顛倒過來。

今日美國國會關係一團亂並不意外。兩黨間的敵對處在歷史最高峰。老牌國會議員打趣說，過去一項新法案的辯論有 80％是在委員會中密室協商，20％是在攝影機前作秀。最近政黨領袖甚至還沒在委員會獲得共識時，就將辯論直接拉到院會上開戰。

擔任國會議員 33 年的緬因州共和黨參議員奧林匹亞・史諾（Olympia Snowe）在 2012 年決定不競選連任，即使她可以輕鬆勝選。史諾的一份聲明登在家鄉地方報。她解釋：「我必須考慮下一個任期會有多高的生產力，不幸的是，我對短期改變參議院中的黨派之爭不抱任何期望。所以在我的公共服務生涯，我的結論是，我並不打算再花 6 年在參議院中。」愈來愈多像史諾的人在奉獻生命給公共服務後，現在對腐敗的環境感到失望而決定離開。如果「好人」離開，這意味政府的未來會落到另一些人手上，他們要不是受惠於當前體制，就是有辦法忍受過度的募資、愈來愈嚴重的短視現象，並有辦法容忍將自己放在服務其他人之前日益高漲的文化。

我們的政府被這樣的侵略氣氛掩蓋，結果正如我們預期，缺乏信任和進步。蓋洛普在 2013 年 1 月的民意調查顯示，美國國會只得到 14％的人肯定。這比中古車推銷員、甚至成吉思汗的支持度還要低。成吉思汗是 12 世紀的蒙古皇帝，因為屠殺 4000 萬人而惡名昭彰，大多數犧牲者都是

無辜平民。這並不奇怪，因為根據民意調查顯示，3/4 的美國人相信「華府的政治運作」對國家有害。根據我們知道讓信任、合作與進步發生的必要條件，他們的看法完全正確。

如果我們在彼此信任與合作時的生產力最高，那麼，缺乏信任和合作就代表我們能完成的工作減少。目前美國國會大體上被認為是個毫無效能的治理機構。在本書撰寫之際，任期從 2011 年 1 月 3 日到 2013 年 1 月 3 日的第 112 屆國會被認為是史上兩黨最對立的國會。通過的法案數量比 1940 年以來的國會都還要少（只有 220 項的法案）。上一任國會通過 383 項法案，再上一任的國會通過 460 項。如果我們認為完成立法是衡量合作的指標，那即使是第 104 屆國會這個效率不彰紀錄的保持者至少還通過 333 項法案，比第 112 屆多出超過 100 項法案。

因為徹底忽略人性，讓國會通過法案的能力出現穩定向下的趨勢。這導致強烈的影響，政治觀察家指出，美國人認為國會議員不能合作處理 2008 年的經濟危機。對立的國會遭到責難，認為必須為許多缺乏進展的議題負責，包括改善赤字、社會安全系統，以及氣候變遷等。

有些現任議員把他們的鬥爭與低支持率怪罪到「這個系統」或網路新聞的傳播速度。然而他們忽略一個事實：他們就是這個系統，而且網路並沒有傷害他們，網路只是報導他們做出的危害而已。問題不在政治、金錢或媒體。這些都是

問題的症狀。為何美國國會現在這麼沒有效率，這與生物學有關。如果國會議員不花時間共處，如果他們沒有了解彼此與他們代表的人民，那社群性化學物質的流量就很有限，而募款與和勝選的動機讓多巴胺變成主要誘因。在立法委員當前的工作環境中，他們難以信任對方，或一起為每個人的利益工作，他們都只會為了自己而已。

▌敵人會對抗，朋友才會合作

眾議院農業委員會曾到羅馬尼亞參訪，希望對貿易政策有更深入了解，同時拜訪一些歐洲同行。很偶然地，資深的維吉尼亞州共和黨國會議員鮑伯·古德拉特（Bob Goodlatte）與南達科他州資歷較淺的民主黨眾議員史蒂芬妮·桑德林（Stephanie Herseth Sandlin）在一天的會議後發現代表團只有他們兩個沒事，所以他們決定一起逛街買些紀念品。

儘管在同個委員會服務，但這兩位議員隸屬不同政黨。根據不成文的規矩，他們是敵人。在那一天之前，他們的關係最多也只能用友善來形容。

當我們脫離工作的框架聚在一起時，有種力量會讓我們更加敞開心胸來認識其他人。無論是跟在公司壘球隊中一起打球的同事建立關係、一起出去吃午飯，或與不太認識的同

事出差；當我們的工作責任不會逼迫我們攜手合作，當我們相互競爭的利益暫時被擱置在一邊時，我們似乎可以更放得開，把對方看成是一般人，而不是同事或競爭對手。這可能是為什麼和談經常在寧靜的地方進行的原因，這樣交戰雙方可以一起散步。

而這正是發生在桑德林和古德拉特身上的事。一旦沒有政治包袱與政黨咬耳朵，他們兩個人不再是黨員，而是史蒂芬妮和鮑伯。結果他們真的一拍即合。雖然在工作上有很多事情看法分歧，但當他們只是一般人時卻有很多共同點。如同我們所知，我們跟其他人的共通處正是讓我們彼此吸引的原因，也是人們友誼的基礎。

以當今標準來看，在這兩位意見往往相反的國會議員發生的事前所未聞。由於議員在華府的時間有限，他們根本不太有社交機會跟喜歡的人相聚一堂，更別說嘗試跟厭惡的人建立關係。但在羅馬尼亞那天，他們種下友誼的種子，後來長成的果實讓兩位民意代表在往後幾年受用無窮。

在奠下友誼基礎後，桑德林和古德拉特繼續在華府相約吃飯，沒有什麼理由，他們就是很享受彼此相處的時光。他們把對方當一般人看待，而不是對手。就像最終和解的交戰雙方，這兩位議員發現，當他們在討論意見分歧的議題時，他們的共同點正是他們所需要的信任基礎。「我們注意對方的想法，」桑德林回憶，「我們聽取彼此的聲音，不然有些

法案我們不可能達成共識。」

　　古德拉特和桑德林在投票時仍舊立場相反，立法時並非總是看法一致，但他們並沒必要看法一致。正因為相互尊重和友誼，有必要時，他們會同意做正確的事，即使這意味著在投票時得違反黨意。古德拉特甚至投票支持桑德林主導的一項修正案，「這讓共和黨領袖很失望，」她說。「這些日子以來，這種狀況鮮少發生。」（值得注意的是，當史諾投票允許醫療改革議題進行更多辯論時，她的政黨公開抨擊她，並且威脅要取消對她的資助，只因為她投票支持繼續討論這個議題）。

　　合作不表示要同意對方，而是意味著要共同努力推動更大的利益，服務受我們保護的人，而不是為了政黨或自己求勝而已。這兩位國會議員建立對彼此的欣賞與尊重。他們在政治圈外打造出友誼。這種平凡的關係竟然成為一本書素材，真是讓人驚訝。認識每天與我們一起工作的人似乎才是做事的正常方式。

　　在古德拉特和桑德林建立友誼的前幾年，美國國會中少數有遠見的議員曾試圖做同樣的事。他們承認這種缺乏人際關係的腐敗環境只會耗損華府政治圈，因此號召一系列的外地聚會，目的是要提升國會中的公民文化。第一次是到賓夕法尼亞州的賀許（Hershey），世界著名的和平談判家，也是《哈佛這樣教談判力》（*Getting to Yes*）作者威廉・尤瑞

博士（Dr. William Ury）也參與這次活動。他回想幾位議員談到國會中人際關係的品質，大家的說法都一樣。「那 3 天與另一黨議員相處的時間比起整個會期相處的時間還要多。」可悲的是，到外地聚會很快就因議員興趣缺缺而取消。原來，友誼和信任不能在 3 天建立，需要定期投注時間與精力（這不意外吧）。

「如果發生衝突，不認識對方的話就很難談和。」尤瑞說。尤瑞熟悉和平談判，身為「哈佛談判計劃」（Harvard Negotiation Project）的創辦人，他是談判專家，經常受託在世界各地協助敵對的雙方進行和平談判。「我們需要他們互相理解，」他說，「要將彼此當人看，並傾聽對方說話。」很少人會對尤瑞的感受有不同意見。我們知道，為了以色列和巴勒斯坦的和平，雙方領袖必須會面，他們必須對談。我們知道，為了印度和巴基斯坦之間的和平，他們必須願意上談判桌，彼此對話與傾聽。如果當事人拒不對話、不傾聽，甚至不會面，那衝突只會繼續。當美國國會無法顯示和平時，他們怎麼可以讓世界相信它們可以創造和平？

桑德林和古德拉特是一種可能的範例。如果「這個系統」不允許不同黨的人有社交往來，希望可能就寄託在有勇氣先行的個別參議員和眾議員。如果他們為了服務選民與國家，那麼，為了了解對方而花時間和精力就成為必要的投資。但是，如果他們的主要動機是希望贏得選舉並掌握執政

權，那當前的系統已經運作很好。至少對他們而言。

　　如果沒有外地聚會或正式往來，那麼，一黨中少數追求進步的議員就需要親自去接觸另一黨抱持同樣心態的議員，例如，在沒有議程要討論時，碰個面喝杯酒或吃點東西。從人類學來說，如果他們關心美國人民，他們就必須沒有理由的為了解對方而共聚一堂。就跟任何人際關係一樣，有人可以處得來，有人則不會。但假以時日，合作終會發生。

21 領導員工，不是領導數字

　　經濟學家傅利曼發表企業社會責任的文章 10 年後，「利用資源，在遊戲規則內從事可以增加獲利的活動」的說法成為新運動裡呼天震地的口號，最終讓華爾街和美國企業界付出慘痛代價。客戶的重要性被股東所取代，只因為他們是公司真正的「擁有者」（這個自私的定義常被法律專家反駁）。這類思維強調，只要專注替股東創造價值，公司就能累積財富、創造就業機會，推動經濟，每個人都是贏家。但實際情況並沒有發生，他們的每個人指的是少數人。

　　當我們了解股東價值理論的歷史就不會覺得驚訝。「管理主義」（managerialism）在 1940 年代興起，這個系統定義的美國企業得承擔廣泛的社會目的，在 20 世紀大部分時間裡，大型上市公司的董事都把自己視為受託人和管家，負責替組織掌舵，朝服務大眾的方向前進，他們提供人們穩定的終身工作。這是個運作相當不錯的系統，直到 1970 年代面臨挑戰為止。1973 年 1 月美國股市達到高峰後，因為一連串事件的催化，進入連續 2 年的衰退。

　　一開始的挑戰是美國總統尼克森決定放棄金本位制度，導致通貨膨脹。再來是 1973 年阿拉伯石油禁運，這段期間油價漲了 4 倍，再加上水門事件與越戰的影響，美國經濟因

而停滯不前。直到 1974 月 12 月尼克森辭職 4 個月後，經濟才觸底反彈。當時道瓊指數跌至 577 點的低點，跟不到兩年前的最高峰相比腰斬 45％。這是新時代的開端，公司股價開始與整體經濟脫鉤。

面臨不確定性與混亂時，我們會去尋找答案。公司董事和利害關係人迫切想要保護自己的利益，讓公司重新恢復成長，而經濟學家則尋求簡單的指標來衡量企業績效。他們在鮮為人知的股東價值理論中找到答案。

雖然傅利曼最先提出整個概念，不過羅徹斯特大學的威廉‧麥克林（William Meckling）與哈佛商學院的麥克‧詹森（Michael Jensen）在 1976 年《財務金融期刊》發表的論文才將這個理論發揚光大。這是人人都在尋找的答案，這個公式可以替營收停滯與利潤下滑的美國公司解決問題。

2012 年，康乃爾大學法學院教授林恩‧斯托特（Lynn Stout）針對這個問題寫了一本權威性著作《股東價值的迷思》（The Shareholder Value Myth）。她在書中指出，股東價值馬上就能吸引活躍的企業掠奪者與執行長注意，這兩種人從中受惠最多。卡爾‧伊坎（Carl Icahn）和其他企業掠奪者開始尋找財務不佳的公司購併（當時有很多這種公司）。他們通常會尋找股價被低估的企業，然後進場收購股票，最後迫使董事會削減支出，通常會利用裁員或出售公司部分資產來完成。同時公司高層的薪資開始跟股票績效掛鉤，以選

擇權和獎金的形態出現，從而確保主管有動機把自己的利益放在客戶和員工之前。

1980 年代和 1990 年代經濟繁榮的時期，像奇異電子（GE）執行長傑克‧威爾許（Jack Welch）和可口可樂執行長羅伯特‧古茲維塔（Roberto Goizueta）這樣的巨頭是引領公司創造最大股東價值的先鋒。有一段時間這個方式似乎相當奏效，兩家公司的股東（及高層主管）因此賺了很多錢。在管理主義學派當道的時期，執行長通常領的是固定薪水與小部分的紅利。但在這個新時期，他們根據股票價格領取薪資。這種策略導致第一代億萬富翁執行長誕生，他們既不是創辦人，也不是帶領公司上市的人。事實上，古茲維塔是美國第一個因持有非自己創辦或帶領上市的公司股票而晉升億萬富翁的企業主管，第二個人則是微軟前執行長史蒂夫‧鮑爾默（Steve Ballmer）。

威爾許自 1981 年開始掌管奇異，到 1980 年代末期，股東價值已成為公司的一項管理原則。每年威爾許會解雇績效在最後 10％的經理人，這些人的部門對奇異的股價貢獻最低。同時他也會以選擇權獎勵績效排名前 20％的經理人。威爾許在奇異的大部分時間都採行這套「考績定去留」（rank-and-yank）的制度，因此讓他得到一個帶點貶抑味道的綽號：中子彈傑克（Neutron Jack）。

威爾許的確成功打造一個強大的公司，為股東賺不少

錢，許多公司至今仍然認為「威爾許路線」是走向更高利潤的途徑。在他的經營下，奇異的營收從 268 億美元擴大到 1300 億美元，公司市值成長 30 倍，他退休的時候，奇異已經成為世界上最有價值的公司。

毫無疑問，威爾許的成就顯赫，只有幾個人能締造跟他一樣的豐功偉業。然而如果我們將奇異的股價跟同期 S&P 500 指數的表現相比，這個成績似乎就沒那麼讓人印象深刻。在威爾許在任時，奇異的股價起伏跟整體市場差不多。這就像在油價上漲時慶祝石油公司的股價上漲一樣。水漲自然船高，這一點威爾許的接班人傑佛瑞・伊梅爾特（Jeffrey Immelt）可沒忘記。他在威爾許 2001 年離開奇異之後接手經營，正是經濟狀況轉趨嚴峻之前，伊梅爾特在 2009 年對《金融時報》（*Financial Times*）表示：「任何人都可以在 1990 年代經營企業，一條狗也可以經營企業。」另外值得注意的是，在這段期間，奇異有一半的獲利並不是來自核心的工業業務，而是來自財務部門：奇異資本（GE Capital）。

如果以成功把利潤放在員工前的領導風格來評斷威爾許，那他可以保住華爾街英雄的頭銜。他厲害的發展出一套將短期價值最大化的系統。但偉大的企業和偉大的領導者應該要成功超越任何一個領導者，帶領企業度過難關。如果我們不是以在位時的作為來評斷一個領導者，而是用他們留下的東西來看，威爾許的表現並沒有那麼好。一個能留名青史

的領導者會留下強大的根基，讓後人可以高舉他們的名字，繼續讓組織進步。留名青史並不是要大家記得以前領導者在任時的日子有多好。這不是遺產，這只是懷舊。創建美國的革命鬥士之所以能留名青史，是因為他們打造出的美國在他們生命結束之後仍永續發展。奇異被打造成一家把機會擴大到極致的企業，然而這時數字比人來得更重要。這不是打造永續企業的機會，所以企業永續也沒發生。

吉姆·柯林斯（Jim Collins）和傑瑞·薄樂斯（Jerry Porras）在《基業長青》（*Built to Last*）中也提出這個說法：當高層的天才離開時，他們也會把所有專業知識和天才的能力一起帶走。相反地，當一個領導者能謙卑地將權力分配到整個組織，公司的實力才不會只依賴一個人，因而更能存活下去。在這樣的模式下，領導者不會試圖指揮和控制一切；相反地，他們會付出全部的能量來培訓、打造，並且保護人才，也就是管理安全圈，好讓員工可以指揮與掌控任何情況。這是領導者留名青史、讓公司在他們離開後仍能持續多年成功的最佳途徑。

根據韋恩州立大學（Wayne State University）專長管理與領導的娜塔莉亞·洛林科夫博士（Dr. Natalia Lorinkova）主導的研究顯示，「指導式領導者帶領的團隊最初表現會比授權式領導者帶領的團隊好。然而，儘管初期表現較差，但授權式領導者帶領的團隊表現會與時俱進，因為他們的團隊

學習、協調能力、授權與心智發展模式的程度更高，因此讓他們得以受益。」換句話說，高績效團隊得到的好處是在團隊中有安全感，並相信領導者把他們的幸福放在心中的直接結果。其他模式都像一場賭博，只是期待下一個天才會跟離開的領導者一樣厲害，卻不管其他人的能力可以有多強。

這場押在下一個天才身上的賭局，讓規劃接班人的重要性變得過分失衡，其中的高風險也讓人不安。如果新領導者無法像前任領導者一樣有效地指揮與控制組織，不禁讓人懷疑組織內的人會冒險推動領導者的願景，還是會忙於保護自己不受其他人傷害？

有些企業就算在第四季或第一季達成財務目標還是會裁員，這讓員工採取極端措施來保護自己。一家了解大型投資銀行祕辛的人曾對我說，這就像鐘擺一樣，每年到了公布營收的時期，公司內部投訴騷擾、歧視，以及為了自保而舉報可疑活動的案件數量就會增加。沒有明顯的理由說明為何會出現「打小報告季節」，一般投訴案件應該平均分布在一整年才對。也沒有理由解釋騷擾、歧視，以及為了自保的舉報案件全都在同個時間發生。

事實證明，內部投訴數量上升的時候，正是年底公司檢視數字，並醞釀裁員來達成財務預測的時刻。員工之所以在年底提出申訴，似乎是為了同時保護獎金還有飯碗。這並不是一個鼓勵員工付出心血、汗水和淚水的文化。這是一個小

心保護自己的文化，這正是大家正在做的事。

在整個 1980 年代，威爾許與其他人為了投資人的利益，率先將員工當成可以消耗的資源。從那時起，企業愈來愈常使用裁員來美化財報數字。今日，只是為了打平一季或一年的收支，裁員已經是可被接受的商業做法。一個人被裁員，應該是因為工作疏失或不稱職，或是這是拯救公司的最後手段。但在 21 世紀的資本主義版本中，期待在用人唯才的環境工作似乎是個錯誤。在許多情況下，不論我們多努力工作都不重要，公司只要沒有達到財務目標，員工就必須被裁員。別見怪，這只是經營企業不得不做的事。你能想像，只因為去年賺的錢比預期少，你就要拋棄自己的孩子嗎？想像一下，如果這是你的計劃，你的孩子會有怎樣的感受？但這就是許多公司的現況。

到 1990 年代中期，這個轉型完成。股東價值理論現在是美國企業的口頭禪，隨之而來產生許多新的問題。由於文化中失衡的多巴胺驅動，加上皮質醇氾濫，同理心變得有限，自利成為主導動機。因此，我們開始看到愈來愈多的股票炒作、嚴重的薪資不平等，以及愈來愈多財務舞弊現象，一直持續到今天。

企業領導者應該努力保護股東利益看似合理。然而，我們有充分的理由可以說股東並不實際擁有公司。在林恩·斯托特的眼中，傅利曼這位當代資本主義經濟學英雄根本完全

錯了。並沒有任何法律可以說明股東是公司的真正所有人。他們只擁有股份，而這是抽象的代表。以法律術語來說，公司擁有自己。因為股東並非公司真正的所有者，所以公司不像許多人聲稱得符合法律要求，必須讓股價衝到最高。

斯托特教授甚至進一步推論股東價值最大化的做法已經失敗。這種做法確實養肥企業精英，但實際上對業務與公司都不是好事。員工被迫在短線績效重於一切的氣氛下工作，員工的福祉幾乎總是被放到第二位，實際來看對公司並不好。跟這種說法相反的是，股東價值最大化對股權分散的股東沒什麼好處。根據羅特曼管理學院（Rotman School of Management）院長羅傑・馬丁（Roger Martin）的研究，1976 年之前投資在 S&P500 指數的投資人實質年平均複合報酬率 7.5％，1976 年之後下降至 6.5％，而 2000 年以來的數字更低。

「愈來愈多的證據顯示，在一段時間內成功將股東價值最大化的企業，是把目光鎖定在公司目標而非股東價值最大化的企業，」福克斯（Justin Fox）和洛爾施（Jay Lorsch）在 2012 年 7-8 月號的《哈佛商業評論》中寫道，「員工和客戶往往比股東更了解企業，也有更深的長期承諾。」讓我們來看英國石油（British Petroleum）的例子。我承認這是很極端的案例，但這凸顯當人們忽視自己的行為對其他人造成的影響時，會有什麼結果。

繁榮與蕭條

2010 年 4 月 20 日晚上，股東價值跟著新聞爆炸，說來還真是如此。這天「深水地平線」（Deepwater Horizon）鑽油平台爆炸，11 名工人喪生，並造成 5 萬桶噴湧而出的黏稠黑色原油進入墨西哥灣，這嚴重的環保與金融災難善後的時間遠遠比花五個月封上油井蓋子還久。

這樣的世紀災難怎麼會發生？意外事故通常是人為疏失的後果，我們都會犯錯。但竟然有這麼多人事後宣稱事故注定會發生，意味這已經不是單一的錯誤。事實證明，英國石油削減安全措施來維持工程進度和預算已不是新聞。2005 年英國石油在德克薩斯市（Texas City）的煉油廠發生爆炸，造成 15 人死亡，公司事後不情願地承認是因為降低成本而忽視安全程序。根據美國職業安全與健康局（OSHA）的紀錄，在深水地平線爆炸案發生前 3 年期間，英國石油已經累積 760 件「嚴重、故意」的安全違規行為。同個時間，太陽石油（Sunoco）和康菲（ConocoPhillips）各有 8 件安全違規，而艾克森美孚（Exxon）只有 1 件類似事故。爆炸幾星期前才有一份針對深水平台工作者的調查指出，在英國石油與深水平台擁有者泛洋企業（Transocean）工作的工人普遍覺得深水平台不安全。這份資料擺在老闆面前，但他們就是視而不見。他們被多巴胺驅動的目標蒙蔽，太過短視因

而輕忽警訊。

到了 2005 年春天，深水地平線的工程已經延誤超過 6 週，預算也超支 5800 萬美元。公司面臨沉重壓力，每多一天延誤就多虧 100 萬美元。最終，英國石油承認犯下 11 項重罪，此外還面臨超過 100 萬筆的索賠請求。英國石油已經支付 7 億 1300 萬美元給路易斯安那州、阿拉巴馬州、佛羅里達州與德州彌補稅收損失。公司估計所有善後成本要 78 億美元，另外還有造成環境汙染的 176 億美元罰款。

光從罰款來看，英國石油讓工程進度落後 12 年的損失還比漏油事件損失少。如同斯托特教授所說，如果英國石油當初為了符合安全措施延後油井開發進度一年，也能為股東創造更高的價值。在漏油事件前一週，英國石油的股價為 59.88 美元，到 6 月 21 日漏油事件進入第 3 個月，股價只剩 27.02 美元。到 2013 年 2 月股價仍沒有恢復，只在每股 40 美元左右盤旋。股民如果持有英國石油股票必然虧錢，就連整體產業也能感受到英國石油粗心大意造成的影響。

美國官員表示，由於墨西哥灣的鑽油禁令、加上取得離岸石油和天然氣開採許可的流程變得冗長，美國估計失去 240 億美元的石油和天然氣投資。由美國石油工業協會（American Petroleum Industry）委託進行的報告估計，這次漏油事件讓美國在 2010 年與 2011 年分別失去 7 萬 2000 個與 9 萬個就業機會。除此之外，如果有股東因為資產配置在

墨西哥灣區擁有房地產，或者投資受到衝擊的觀光業，包括餐飲、建築與航運公司，他們的財務狀況也會受到損害。如果提供股東期待的價值是英國石油的主要目標，那麼，為何對英國石油最大的反彈聲浪，那些要求有更大掌控權的人不是石油公司自己，這真奇怪。

　　股東價值理論興起，加上過度依賴多巴胺的激勵來驅動這種思維，使得高層主管習慣短線思考。在企業執行長平均任期只有 5 年的情況下，這種趨勢並不意外。想想奇異的例子，跟 1980 年代與 1990 年代強大的金融公司一樣，奇異不是在艱困時期打造。安隆不是，世界通訊不是，泰科也不是。這些公司還有另外一個共同點，都有個英雄般的執行長，這個英雄在短期將股東價值最大化，把人當成試算表上的數字來管理。但在經濟艱困時刻，數字從來沒有拯救任何人，只有人才有辦法力挽狂瀾。

　　即使威爾許最後也說把焦點放在股東價值是「世界上最愚蠢的想法」，但直到今天他還堅稱他總是把股東價值視為結果，而非策略。企業把重點放在股東價值是「錯置」，他說，「你的主要選民是你的員工、客戶與產品。」（2009 年威爾許說這些話幾天後，奇異失去標準普爾 AAA 信用評等，從美國最有信譽的企業王座上踢下來，就在他退休 8 年後）。

　　對股東價值理論的錯誤解讀，創造出上市公司員工不覺

得受到領導者保護的文化，有太多執行長似乎跳過實際領導員工的辛苦工作。目光集中在短期績效上的主管無法真正激勵員工。華爾街首要關切的數字對高層主管不合理施壓，擴散成為公司文化。在這些公司工作的員工擔心股價大跌可能會失業。而對我們這原始的人類大腦來說，這會啟動我們的生存本能。當戰鬥或逃跑組成遊戲名詞，範圍廣大的安全圈也不存在時，那殺戮或遭解雇會是最好的策略。當我們感到不確定和不安全時，就幾乎不可能有辦法以任何有意義的方式來建立關係和信任。當這種情況發生時，我們會工作得很痛苦，企業文化會受損，整個組織也會跟著遭殃……。

　　但別那麼急。同樣要注意的是，當我們是股東時，我們也很容易把獲利放在人前面的誘惑。在網路泡沫發生時，我們就是那些聽到朋友小道消息就投資的人。在受到多巴胺推動想要即時致富的需求下，我們看到機會就猛撲上去，卻不花時間檢視事實。更糟的是，因為擔心錯失良機，我們盲目相信任何資訊，卻不管資訊來源。當我們的行為舉止跟威爾許、英國石油或股東價值理論的做法一樣，只是為了急功近利而不負責任時，我們不能只是指責他們，以為自己可以置身事外。

▍把員工當家人

　　企業表現跟領導者的個性與價值觀關係密切。高層領導人的個性和價值觀設定組織文化的基調。威爾許寫了 5 本領導管理的書，並把自己的臉放在所有書封上。應該可以說他喜歡出名，而他的公司文化也會起而效尤。在威爾許統治下的奇異，人們互相攻訐。奇異員工做事的動機是不顧一切，盡可能讓自己看起來意氣風發。受到多巴胺驅動的成就快感變成最優先的事，接著在血清素的激發下，一心追求地位。拿第一是唯一要緊的事。

　　詹姆士・辛尼格（James Sinegal）卻不一樣。他經營公司的方式跟威爾許完全相反。大多數的人甚至不知道辛尼格是誰。他不把自己的臉放在東西上面，他寧可把功勞留給員工，而不是他。身為好市多（Costco）創辦人，辛尼格從 1983 年到 2012 年 1 月退休前都是這家公司的掌舵者。不像威爾許，他相信要有均衡的企業文化，其中一項就是優先照顧員工。辛尼格知道，如果公司對待員工像家人一樣，員工會用信任和忠誠回報。他拒絕接受零售業普遍認為，公司要成功就必須將工資壓低，把員工福利減到最少。他採用以人為本的態度。在這種文化中，社群性化學物質得以運作，進而允許員工培養出信任感和合作精神。員工會因為尋找解決方案和更好的做事方式受到褒揚。員工會照顧彼此，而不是

相互競爭。

　　辛尼格和接班人克雷格・杰利內克（Craig Jelinek）因為這種做法遭到不少華爾街分析師的攻擊。早在 2005 年，當辛尼格拒絕讓員工負擔更高比率的醫療保健費用時，桑福德伯恩斯坦公司（Sanford C. Bernstein & Co.）分析師艾默・科茲洛夫（Emme Kozloff）就指責他「過於仁慈」（我猜辛尼格私下應該很喜歡這個說法）。不聽外部要他追求私利的建議，正是讓像辛尼格這樣的執行長成為領導者而不是追隨者的一項因素。

　　說到這裡，如果有人評論像辛尼格這種執行長事實上對企業有利應該毫不意外吧！如果你在 1986 年 1 月同時投資奇異與好市多（那時好市多剛上市，而威爾許已經擔任奇異執行長好幾年）到 2013 年 10 月本書撰寫之際，奇異上漲 6 倍（約等於 S&P500 指數的平均值），同時好市多上漲 12 倍（見圖 21-1）。雖然在奇異股價最高點時，這筆投資的報酬也漲到 1.6 倍，但要達到這個高峰卻像是坐雲霄飛車一樣，而且也無法保證可以算準在股價正要下跌前獲利了結。然而投資好市多卻會享受一趟相對穩定、平坦的旅程，即使在經過經濟不景氣的驚濤駭浪也一樣。這進一步證實洛林科夫博士的研究：雖然權力下放在短期的效果並不顯著，但隨著時間經過會愈來愈好。好的領導就像做運動一樣，如果只看一天，身體幾乎沒什麼改變。事實上，如果我們僅拿某一

圖 21-1 奇異與好市多股價表現

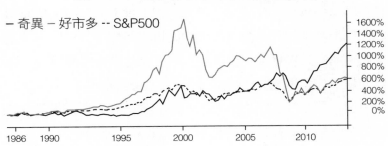

－ 奇異 － 好市多 -- S&P500

天的身體狀況跟前一天比較，我們會以為自己的努力白費。
只有拿幾週或幾個月前的照片比較，才會看到明顯的差異。
領導力的影響也要用長遠的眼光判斷。

不像威爾許，辛尼格建立強大的安全圈，讓公司不論景
氣好壞都能安然無恙。他打造的組織也超越他的生命，這就
是為何即使在他退休後，好市多的獲利仍能持續成長。當然
在經濟嚴峻時期，好市多的成長也隨之放緩（2008 年下半
年股價不振），也並非每家分店的業績都很亮眼。但是，整
體來看可以發現，被多巴胺快感操控的公司績效不會穩定。
績效在短期確實能鼓舞士氣。但正如所有以多巴胺為誘因的
情況一樣，這種感覺不會持久。相反地，當血清素和催產素
能保持平衡，焦點放在士氣時，績效自然會出現，而且這股
強烈的感覺會持久不墜。當員工感覺替公司工作很好時，他
們會更努力工作，這樣的順序才對。

　　好市多的成功是因為它認識到員工就像家人一樣，而不是忽略這個事實。好的工作環境實際上推動公司績效。換句話說，對員工好的事對好市多的股東也很好。今天好市多是美國的第二大零售商，世界第七大，而且完全沒有成長放緩的疲態。「華爾街是從現在到下週二賺到錢的行業，」辛尼格說道，「我們這行是要建立一個組織，一個我們希望可以從現在開始永續經營至少 50 年的組織。」

　　即使是 2008 年開始的經濟衰退期間，好市多的年獲利仍舊超過 10 億美元，同時繼續保持零售業薪資最高的紀錄，還有將近 90％員工享有公司提供的醫療保險。好市多給員工的平均時薪約 20 美元（聯邦規定的最低工資只有 7.25 美元）。相較之下，沃爾瑪在美國的全職員工平均時薪約 13 美元，而且只有一半的員工享有醫療保險。

　　故事還沒結束。當沃爾瑪和其他大型零售商積極游說反對調漲最低工資的規定，好市多的高層主管卻強力表達支持。「與其將工資壓到最低，」杰利內克在 2013 年一份支持的聲明中表示，「我們知道從長期來看，將員工流動率降至最低可以把員工的工作效率、承諾與忠誠擴展到最大，反而更有利。」好市多領導者相信，每家公司都應該將安全圈擴大到納入每名員工，包括最基層的員工。（見圖 21-2）

　　2009 年秋天，衰退的經濟開始重創零售業。好市多也跟競爭對手一樣受到壓力。2009 年 4 月好市多宣布營收下

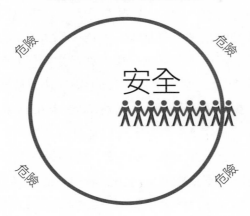

圖 21-2 堅守安全圈

滑 27%。產業衰退，一些連鎖店宣布裁員。這時辛尼格怎麼做？他批准時薪增加 1.5 美元，並分成 3 年調漲。根據好市多財務長理察‧加蘭蒂（Richard Galanti）表示，辛尼格一直堅持的態度是，在經濟衰退期間，員工需要額外的幫助。「經濟很糟，」據稱辛尼格曾跟加蘭蒂這樣說，「我們應該想辦法給員工更多，而不是更少。」這並不是說好市多從沒有裁過員。他們也曾裁員，2010 年初，紐約州東哈林市（East Harlem）新成立的店面出現失望的業績後，450 位員工中有 160 人收到解雇通知書。但好市多與奇異這類公司之間的差異是，好市多把裁員當成最後的手段，而像奇異這樣的公司則把這個手段當成一般策略。

在這種態度主導下，好市多的人事流動率非常低，計時員工的流動率不到 10％。人們去沃爾瑪上班是因為想要一份工作，但到好市多上班是因為期待一個未來，以及一個團隊的歸屬感。好市多還喜歡拔擢長期員工擔任高階職位，而不是從外頭延攬人才，也幾乎沒找過商學院畢業生當經理人。根據《彭博商業周刊》（*Bloomberg Businessweek*）的報導，好市多有超過 2/3 的倉庫經理都是從收銀員與類似的基層工作做起。這是好市多領導者的一項保護措施，確保他們長時間打造出的安全圈能保持完好無缺。從中受益的人會堅守這個安全圈，保持強大不墜，這就是忠誠的價值。

直到員工先喜歡上公司，客戶才會愛上這家公司。唯有覺得領導者會捍衛他們免於外界危險的員工達到關鍵性多數時，公司才有辦法邀請客戶進入這個圈圈。通常在邊緣的人最容易受到外界傷害。他們也往往與客戶有更多接觸。如果他們覺得受到保護，就會盡所能的為客戶服務，而不必憂懼公司領導階層的反彈。

企業的目標就是獲利，但要說這是企業的主要責任卻是誤導。把利潤視為是推動企業文化燃料的領導者，會比那些有多巴胺癮頭、被皮質醇沖昏頭的競爭對手更持久。

PART VII

癮君子的社會

22 問題核心就是自己

　　5月7日下午5點鐘,某個太太經過6個小時自然分娩後轉入產科病房。9日半夜12點(轉入病房近31個小時後),她染上嚴重風寒。在這之前,她就跟一般剛生產完的女性一樣快樂,她在10日過世。

　　這是典型的產褥熱案例,在18世紀末與19世紀初席捲歐洲和美國的一種流行病。雖然在那些日子裡,因難產導致併發症而死亡的狀況並不少見,有時影響分娩的程度多達6%至12%,但產褥熱的狀況更糟糕。在疫情高峰期間,某些醫院有70%到80%因分娩而死亡的婦女是因為產褥熱。症狀包括發燒與腹痛,會在母親分娩幾天後才發作。死亡往往來得很快。這個疾病的毀滅性很高,因此被稱為分娩黑死病。

　　不用說,產褥熱的強度和滲透度在醫界投下震撼彈,焦慮的醫師試著讓大眾相信,醫院的護理環境遠遠比過去的居家照護好。好消息是,這正是歐洲和美國的啟蒙時代,在那個年代,正在崛起的新興知識分子決心改革社會,以科學與理性的分析來取代傳統和信仰。在這著名的理性時代,實證數據是王道,一切都講求專業能力。

　　當時的「啟蒙」醫師根據經驗和研究導出複雜的理論來解釋產褥熱這個傳染病，有時也會提供同樣複雜的想法建議防堵疫情蔓延的方法。但儘管這些醫生的立意良善，儘管有科學知識和數據，儘管發展出複雜模型，但醫師沒能考慮到另一個讓產褥熱的感染因素：醫師自己。

　　這些聰明的外科醫生努力推動科學進步，想要找出解決這個禍害的方法，他們常在上午解剖屍體研究受害人的各項線索，下午再去探視病人。但是他們對病菌還不了解，外科醫生往往沒有正確洗手與消毒器械。直到 1843 年，波士頓的奧利佛・霍姆斯醫生（Dr. Oliver Wendell Holmes），也就是最高法院法官小奧利佛・霍姆斯（Oliver Wendell Holmes Jr.）的父親在《新英格蘭醫學和外科季刊》（*New England Quarterly Journal of Medicine and Surgery*）提出醫生應該對疾病散播負起責任。他堅持醫師有道德義務在照顧受到感染的婦女後，消毒淨化使用過的工具，並燒毀照護時所穿的衣服。

　　雖然這個主張一開始受到忽視，但霍姆斯的論文的確在某些同行間掀起爭議。他遭到許多受他指控造成意外傷害者的攻詰。「醫師不是原因，」一位評論家說，「他們是紳士！」但霍姆斯提出的鐵證如山，難以否定。醫師解剖愈多染上致命疾病的婦女，就有更多婦女受到感染，一些醫生甚至自己都染上這個疾病。

儘管如此，直到霍姆斯醫師發表文章 12 年後，醫界才願意負起責任，並採取足夠的消毒措施。只有宣稱能提供解決方式的醫師承認他們的處理方式有問題，產褥熱才徹底消失。

產褥熱與當今殘害我們企業文化的危險疾病有多類似，我們生活在新的啟蒙時代，科學家跟商人與經濟劃上等號。他們的決策依賴經濟指標、推升效率、精實生產、6 個標準差、投資報酬率的計算，以及實證數據。有這麼多的數字和系統，我們的經理人更依賴這些東西才能管理。就像我們只看細節，不看大局，有時我們的視野無法超越整個系統或要被管理的資源，因而看不到執行這些工作的每個人。系統規模愈大，一切就變得愈抽象。當事情變得更加抽象的時候，我們就愈依賴數字來追蹤一切。這一切完全說得通。事實上，每次股市崩盤前都出現相同的情況（除了 1970 年代石油危機），這不可能只是巧合。就像霍姆斯一樣，我們需要從自己身上找到答案。

領導是要為員工的生命負責，而不是為了數字。經理人只看數字與成果，領導者則會照顧我們。管理指標的經理人都有機會變成領導其他人的主管。正如每個醫師學到消毒設備的重要，每個組織的領導者必須做出改變來保護部屬，但首先他們必須承認問題的源頭就是自己。

管理指標的經理人都有機會變成領導其他人的主管。

現代的癮頭

這感覺真是不可思議，它就像魔術一樣，任何絕望或不適、不舒坦或不安全感、恐懼或焦慮，甚至是受其他人或其他狀況威脅的感覺都會消失不見。他覺得可以做任何事，他覺得他是自己想成為的人，這是喬恩在喝酒後的感覺。

有人稱這是「荷蘭人的勇氣」。我們可以喝兩杯來提振信心。如果有人在酒吧跟遠處他覺得很有魅力的人有眼神接觸，他只需要走過去自我介紹，許多人認為這很恐怖，但只要喝點酒就可以舒緩緊張情緒，找到勇氣走過去。

現在，我們把面對這個世界的焦慮與所需要的勇氣增加幾倍，就能了解酒精的力量在酒鬼的生活中扮演的重要角色。由於有酒精釋放的多巴胺，酒鬼所有掙扎、驚嚇、恐懼、焦慮，以及被害妄想都消失無蹤，這就是控制酒癮非常困難的原因。酒鬼面對的問題在清醒時都會變得更糟，可能是工作壓力、緊張的伴侶關係、財務壓力，或任何不舒服的感覺。「其他人喝一杯就回家，」一個酒鬼解釋，「我得喝到離開家。」

受到酗酒影響的人很多，他們往往在少年時代開始喝

酒。這是我們很多人在生命某段時間都得處理的不安全感和不舒服感。這段時間我們從需要父母的同意，過渡到需要同儕的認可，這種需求會持續一輩子。

從人類學來看，社群意識和我們希望「歸屬」或「融入」的欲望都是成長的一部分。我們希望受到團體的歡迎，成為團隊有價值的成員。在意別人怎麼看我們是社會化過程很自然的一部分，生活在群體裡對人類生存也很必要，即使在青少年階段對父母很困擾。在這個階段，許多青少年對剛萌芽的性觀念與正在發育的身體，加上融入團體的焦慮、混亂感與自我懷疑都難以應付。

這就是為何我們需要家長、老師、朋友與團體支持的原因。在某種程度上，這也是家庭共進晚餐、運動團體、社團與課外活動的價值。在這個脆弱階段，我們建立起強大的支持網絡，讓我們知道自己需要別人來幫助我們解決問題與生存。有些青少年意外發現酒精的神奇威力可以找到力量，增進信心。如果毫無節制，在這段自我懷疑的期間，酒精就可能取代對其他人的依賴。這很關鍵，因為我們在青春期學到處理掙扎和焦慮的方式，很可能變成成年後應對這些挑戰的做法。

用酒精、香菸或暴飲暴食「讓自己感到安心」非常有效。我們可以獨自做這些事，不需要周遭任何人的幫助或支持。它們可以馬上奏效，或得到相近的成效。換句話說，當

我們喝酒或抽菸時，很容易得到我們追求的平靜或安慰。

　　我們從酒精、尼古丁或食物中得到的樂趣全都來自多巴胺。當完成某件事或找到某個正在尋找的東西時，體內會釋放出多巴胺。這是我們體內一項獎勵機制，鼓勵我們去覓食，打造庇護的地方，還有追求進步的動力。它要我們進行對自我生存和茁壯有好處的行為。

　　大自然並無法想像，也沒準備好未來會出現像尼古丁和酒精這樣的化學物質讓我們的獎勵機制出現短路。多巴胺在食物難以取得的時期誕生，我們的身體並不是為了「隨時都有得吃」的世界設計。大吃特吃、賭博、喝酒和抽菸表面上都是對多巴胺上癮。這些都是讓我們容易得到喜愛且渴求多巴胺快感的方法。當我們無法節制追求多巴胺爆衝的欲望時，就會上癮。我們到了一個臨界點，讓原先幫助我們存活的化學物質實際上變成獎勵我們從事自殘的行為。這正是我們的企業文化發生的事，激勵方案創造出一個被多巴胺驅動的上癮環境，我們對績效上癮。

▌上癮是自找的！

　　在舊石器時代，我們的祖先為狩獵做準備，並為一天的收穫感到興奮。在出發之際，他們想像的目標與報酬替他們注射第一劑多巴胺。當一個獵人發現蛛絲馬跡，顯示瞪羚就

在附近時，又為他們注射另一劑的多巴胺，鼓勵他們繼續前進。若有人在跟蹤幾個小時動物後看到瞪羚就在遠處，又會替他們注射更大一劑多巴胺。最後，他們體內的腎上腺素與興奮感會爆衝，在追殺獵物瞬間，多巴胺湧入他們體內，賦予他們強烈的成就感。他們相互祝賀，感謝值得信賴的領袖，這時奔流過每個人血管的是血清素。他們相互擊掌，擁抱彼此，感受這幾天渾身髒兮兮的夥伴有著一股強烈堅定的兄弟情誼。催產素強化他們的情誼。無畏的獵人把食物帶回部落，族人對他們讚譽和尊重，獵人的血清素再度奔流。其他族人感覺受到照顧，感謝獵人替他們承擔風險。每個人都覺得很好，一同享用美味的一餐。

就跟史前祖先覓食一樣，在今日的商業世界，當我們朝最終目標邁進時，只要達成每個里程碑，我們就會收到一劑多巴胺。不幸的是，跟我們祖先不一樣，我們工作環境的獎勵機制並不平衡。多巴胺釋放出的激勵作用佔主導地位。我們的獎勵架構幾乎奠基在達成目標上，並因此得到金錢報酬。甚至還獎勵每個人達成 1 個月、1 季或 1 年的短期目標。這種做法最後會導致同事間相互對抗，意外地鼓勵危害組織進步的行為。

我喜歡拿之前意氣風發的美國線上（AOL）當例子。美國線上會定期發送 CD 促使消費者購買產品。公司有個負責擴大客戶群的小組，只要達到新簽約客戶數的目標就能拿到

獎金。因此所有戰略設計都是以讓人簽約購買服務為目標。他們在第一個月先免費提供 100 個小時的服務，接著變成 250 小時，然後甚至變成 700 小時。我記得當這個優惠最後變成 1000 小時免費，並在 45 天內用完時（意思是想要佔到這個促銷方案便宜的人每晚只剩下 1.7 小時的睡眠時間），促銷奏效。無論擴大會員人數的團隊發展出何種戰術，目的都為了一件事，就是把他們的獎金最大化。問題是還有另一組人負責留住客戶，他們必須想辦法讓所有取消服務的客戶回心轉意。美國線上的領導者透過他們設立的這套系統，讓各個團隊達成自己的績效指標，卻不考慮其他人的指標，甚至也不管什麼措施才會對公司有益，結果是有效地激勵員工找到讓公司耗費更多成本的做法。

在大多數狀況下，公司提供的獎勵機制並不獎勵員工合作、共享訊息，或跨部門提供協助。換句話說，公司很少提供正面激勵措施與強化安全圈的重要舉動。無論有意還是無意，獎勵制度的設計不僅允許對多巴胺上癮，甚至還培養並鼓勵這種現象。就跟所有上癮的東西會出現的後果，我們的判斷變得混頓不清，我們變得不那麼關心別人，自私心態生根。我們沉迷於下次還能達到目標，不讓任何人或任何事擋在前面。

23 不計代價，只要更多

　　因為有法規管制石油開採，我們才能在坐享好處的同時保護開採過的土地。因為有汽車和機器排氣標準規定，才能確保我們享受便利的同時還能維持空氣品質，這是良好法規的作用：試圖從取得利益與成本中求取平衡。這不是精確的科學，但很多人會同意，如果利益與成本無法取得平衡，不論偏向哪一方都會損害商業或我們的生活，所以我們認真試著維持這種平衡。

　　20 世紀初，電磁頻譜被認為是大眾擁有的自然資源。它也是一個稀少的資源。隨著收音機出現，廣播業的發展有點像大西部拓荒，有太多廣播電台試著在有限的波長頻道上被人聽到。所以美國國會在 1927 年通過「廣播法」（Radio Act），協助建立這個系統。這個法案後來被 1934 年的「通訊法」（Communication Act）取代，新法中還設立美國聯邦通訊委員會（Federal Communications Commission），這也是羅斯福新政中的一項政策。新的法律與委員會負責管理電視這個新媒體。跟廣播電台一樣，它在協助廣電業成長的同時，也保護公眾獲取資訊的管道。

　　美國聯邦通訊委員會規範有限資源的一個方法是要求廣電業者取得許可證，才能在公共頻道上播放節目。取得廣電

執照需要符合一項要求，就是廣電業者要在取得頻道的地區提供公共服務節目。業者擔心不遵守規定就會失去經營許可證，所以晚間新聞誕生，這跟其他節目的商業利益不同，晚間新聞是要為公眾利益服務。雖然業者不能從新聞節目賺到大錢，但他們仍能賺到錢買不到的重要東西：誠信的聲譽。

1962 年到 1981 年擔任《哥倫比亞電視晚間新聞》（*CBS Evening News*）主播的華特‧克朗凱特（Walter Cronkite）曾被認為是美國「最值得信賴的人」，這個美譽讓哥倫比亞電視公司沾光。克朗凱特和那個年代的記者都認為自己有個使命，「1960 年代，我們都有種虔誠的動力要提供人們需要掌握的訊息。」《新聞夜線》（*Nightline*）前主持人與得獎記者泰德‧科佩爾（Ted Koppel）說。新聞報導履行對大眾的義務，「表面上這是虧損的最大來源，因此讓國家廣播公司（NBC）、哥倫比亞電視公司與美國廣播公司（ABC）可以合理化娛樂部門賺取的龐大利潤，」科佩爾解釋，「電視公司主管從沒想過新聞節目可以賺錢。」

然而 1979 年 11 月 4 日，一群伊斯蘭學生和武裝分子衝進德黑蘭的美國大使館，俘虜 52 名美國人。沒過多久，美國廣播公司的新聞節目《美國人質：伊朗危機》（*America Held Hostage: The Iran Crisis*）首度播出，這明顯是一系列報導人質危機的節目，後來這個改名為《新聞夜線》、由科佩爾主持 25 年的節目。在長達 444 天的人質危機中，每天

晚上都讓美國人知道最新發展。節目一砲而紅，這讓電視台主管第一次注意到新聞節目的潛力。高層不再把新聞節目當成公眾利益，由有理想的記者主導，他們開始把新聞節目當成賺錢工具，開始積極介入。

雖然像《60分鐘》（*60 Minutes*）這種播出超過10年的新聞節目也有獲利，不過它沒有每晚播出，也不是晚間新聞。更重要的是，年代不同，這時已經是1980年代。美國歷史上最富裕的年代，我們想要更有錢的欲望在這10年與之後成為推動各個生活面向的力量，包括廣播電視在內。我們對多巴胺的渴求日趨上升，平衡即將被打破。

隨著伊朗人質危機結束，雷根政府上台，新任美國聯邦通訊委員會主席由馬克·福勒（Mark Fowler）接任。福勒與眾多支持者把廣播電視（包括電視新聞在內）視為賺錢的行業。隨著有線電視開放與美國有線電視新聞網（CNN）問世，新聞節目開始從公共服務與電視台皇冠上的寶石，轉型成24小時都可以賺更多寶石的機會。

任何阻擋電視台達成成果的障礙都必須被消滅。監督者的工作不再是提供大眾保護，而是要協助企業推升獲利。福勒和美國聯邦通訊委員會慢慢地鬆綁廣電業者取得廣電執照需要符合的資格標準，這些標準原先是希望透過服務公眾維持某種平衡。一開始，廣電業者更新執照的時間從3年延長到5年，這意味著擔心失去牌照的恐懼變得少一點。單一控

股公司可以擁有的電台數量則從 7 個增加到 12 個，讓每個公司有更多機會搶攻市佔率，另外播放廣告數量的規定也被消除。

　　福勒管理的美國聯邦通訊委員會還進一步廢除播出非娛樂節目的最低標準規定，過去這是業者取得公眾頻道必須符合的一項條件。1934 年「通訊法」的真正目的是把業界從西部大荒野狀態中拉回來，確保每家廣電業者提供公共服務，但現在也被摧毀。事情沒有結束，也許摧毀廣電業者與電視新聞生意的最大因素是 1987 年取消「公平原則」（Fairness Doctrine）之後。

　　1949 年問世的「公平原則」規定，任何由美國聯邦通訊委員會批准執照的廣電業者，都必須同意討論涉及公眾利益的爭議話題時，必須報導正反意見，讓任何觀點都能取得平衡。這是申請執照的一項條件。由於這個規定已經被廢除，現代的廣電公司有權利採取特定黨派立場，只要喜歡，有多極端的立場都可以，不論這對產業是好是壞。1973 年不可或缺的「爭議議題公平廣播委員會」（Committee for the Fair Broadcasting of Controversial Issues）和「公共利益運作中最重要的單一要求標準」已然不再。現在道路徹底清空，過去新聞節目被視為服務，現在已經被視為另一種賣廣告的平台。隨著 1980 年代追求富裕的狂熱持續延燒，這個行業建立的信任被破壞殆盡，這似乎是勢不可擋，多巴胺也開始

竄流。

　　沒有人質疑企業領導者有權利以任何方式拓展業務，只要不會傷害他們要服務的人就好。問題是新聞業似乎已經忘記它應該服務的人。看看當前電視新聞把追求第一與提高收視率放在追求公眾利益之前就很清楚。這之中最壞的症狀是媒體報導重大新聞的意願低得可憐，卻過度報導娛樂新聞與幾乎無法讓我們獲得新知的新聞。跟以往比起來，傳遞資訊的使命已經變成報導新聞的生意。

　　這不是記者的問題，事實上許多記者仍試圖報導真相，就像科佩爾描述的一樣。問題在媒體主管，他們把資訊傳播視為一份業務，而不是有使命的工作。這些高層主管捍衛自己的產品，宣稱已經履行提供公共服務的義務。但他們的宣稱不堪一擊。他們以尼爾森收視率設定廣告費率就是明顯的利益衝突。這就像醫生根據病人要求開藥方，而不是根據病情一樣，科佩爾表示，新聞機構已經從提供你需要卻不一定想要的新聞，變成提供你想要卻不一定需要的新聞。他感嘆過去的時光不再，過去身為新聞媒體的一員很高尚，因為新聞媒體追求公益，而不是商業利益。當時編輯台的重心是讓新聞變得有趣，而不是像今天做有趣的新聞。

　　不管是國會議員只顧討好金主，而不是花更多時間回應選民需求，或是公司領導者明明知道某項產品的成分可能對人體有害，卻為了賺錢把產品推出市場，追求勝利的比賽總

是存在，也總是一直造成問題。健康的組織正如健康的社會，求勝的動機不應該比照顧我們宣稱要服務的人還前面。

▌更多！更多！更多！

1929 年股市崩盤之前，美國有 2 萬 5000 家銀行。可是許多銀行的財務不穩，因此股市崩盤後，幾年內有一半的銀行倒閉。1933 年國會通過「格拉斯—斯蒂格爾法案」（Glass-Steagall Act），這個被稱為「1933 年銀行法」的法案企圖遏制銀行業過度風險經營與炒作行為，以免未來陷入同樣的困境。由於銀行試著推動自身利益，因此成立獨立機構「美國聯邦存款保險公司」（FDIC），「以維護與促進大眾對美國金融體制的信心」，另外也配合其他立法，降低大眾與國家必須承擔的風險。

法案中最重要的規定是將商業銀行與投資銀行區隔開來。商業銀行提供傳統的銀行服務，如吸收存款、支票兌現，以及提供貸款等。相比之下，投資銀行發行證券商品協助客戶籌資，並提供股票與大宗商品交易與其他金融工具服務。在當時，國會將商業銀行視為個人和企業資金儲蓄的地方，因此決定這些資金應該禁止進行投資銀行經營的投機與高風險投資活動。

不幸的是，這些前輩試圖保護的未來世代，甘願冒著公

眾利益的風險，為新的收入來源鋪路。在網路泡沫高峰期的
1999 年，也是瘋狂投機的年代，廢止「格拉斯─斯蒂格爾
法案」大部分的條款。

　　如同當時財政部長勞倫斯‧桑默斯（Lawrence
Summers）所說：「為了讓美國企業在新經濟中更具競爭
力」，所以廢止這個法案。這個政治說詞掩飾真實的意圖：
廢止特別為了保護大眾福祉而訂定的法規，很大程度是幫助
一個行業（銀行）變得更大，讓一些人（銀行家）得到更多
的多巴胺快感。

　　如果「在新經濟中更具競爭力」意味著創造出讓股市崩
潰的條件，那麼政治家和銀行業游說團體表現非常出色。在
法案還沒廢除的 1933 年到 1999 年中間，很少有大銀行經營
失敗，因此 1929 年經濟大蕭條的股市崩盤後，美國只出現
3 次主要的股市崩盤。一次發生在 1973 年，因為油價突然
高漲崩盤，並不是銀行危機。另一次是 2000 年網路泡沫草
率的賭注。2008 年第三波崩盤是因為銀行業過度投機和冒
險，濫發次級房貸商品。2008 年的崩盤條件，在前身是商
業銀行的花旗集團，以及買賣證券商品的保險公司美國國際
集團（AIG）推波助瀾下更加惡化。如果「1933 年銀行法」
沒在 10 年前廢止，這些金融業者根本不能這樣做。

　　「格拉斯─斯蒂格爾法案」大部分條款被廢除是一個明
顯與極端的例子，說明某些嬰兒潮世代如何扭曲法律，爭取

私利。這個案例說明，當領導者把自己的利益放在應該保護的人前面會出現什麼後果（順便說一句，全都在美國第一任嬰兒潮總統柯林頓的任期發生，他在 1946 年 8 月 19 日出生）。上癮是種讓我們看不到現實的可怕能力。

　　就像癮君子醒來後對前晚所做的蠢事深感後悔，很多嬰兒潮世代現在也回頭檢視在他們關注下意外造成的破壞。對於當時的主事者來說，這種破壞似乎讓他們變得更謙卑。被歐尼爾取代的前任美林執行長科曼斯基在 2010 年接受彭博電視台（Bloomberg Television）採訪時表示，廢除「格拉斯—斯蒂格爾法案」是個錯誤。「不幸的是，我是廢止格拉斯—斯蒂格爾法案的推手，」他說，「當然在經營一家公司時，我不想讓他們嚴格執行（規定）。」科曼斯基現在承認，「我很遺憾做了這些事，我非常希望當時沒有這麼做。」前花旗集團聯合執行長約翰·里德（John Reed）也說，廢止「格拉斯—斯蒂格爾法案」是個壞主意。這些前任執行長怎麼了？為何現在頭腦突然變得清楚冷靜，在掌權時反而不能？據我所知，我們都有後見之明，但我們不是因為這些領導者有遠見和先見之明才付錢請他們嗎？

　　1980 年代與 1990 年代初，有些嬰兒潮世代很熱情地監督拿掉控管機制的過程，這些機制原先是為了保護我們不被體制的過度、失衡與上癮所傷。企業與政府領導者創造出強大的內部小圈圈，卻很少考慮到還應該保護其他人。就像任

何組織的領導者都應該照顧其下的員工（最終才會使組織更強大），企業領導者也應該考慮好好照顧他們營運的環境。這包括經濟環境，甚至是文明社會。為了讓愈多美國人覺得安全而打造出的安全圈現在慢慢分裂，使我們面臨更大的危險。當我們不得不專注在保護自己免受其他人傷害，而不是共同致力保護與推動國家進步時，會削弱一個國家的實力，這就跟會削弱一家公司一樣。如果我們認為下一代有辦法解決他們前一個世代所造成的問題，我們就必須提醒自己，他們也要處理他們的問題。

24 分心的世代

　　英國詩人菲利浦・拉金（Philip Larkin）在 1971 年發表〈詩曰〉（This be the verse），描繪父母教養子女的沉悶畫面。他說得很悲慘，卻很有道理。目前我們活在資源豐富卻因此帶來破壞性的年代，在很大原因得歸功於我們父母與祖父母用心良苦。

　　在大蕭條和一次大戰期間長大的偉大世代，想要確保孩子不像自己一樣吃苦或錯過青春年華，這是好事。所有父母都希望孩子能避開自己吃的苦，這就是嬰兒潮世代的成長過程，他們相信這些東西不該被剝奪，這種哲學正常且合理。但如果把這個世代人口眾多、資源豐富納入考量，這個哲學似乎有點被扭曲。當你看到他們童年時期不斷成長的財富，加上 1970 年代（有充分理由）對政府的犬儒態度，接著是經濟繁榮的 1980 與 1990 年代，我們就能輕易看到嬰兒潮世代如何贏得「我世代」的名聲。「我」永遠在「我們」之前。

　　把想法和財富分享前先保護起來已經是現代標準。紐澤西州一位會計師告訴我，他看到老客戶跟年輕客戶間的明顯區別。「我的老客戶希望在稅法規定下公平地繳稅，」他解釋，「他們願意直接支付積欠的稅。年輕客戶則花許多時間尋找稅法每個可以利用的漏洞和枝微末節，好將自己的責任

降到最低。」

當嬰兒潮世代開始有孩子，他們教育孩子要對掌權者抱持質疑態度。「如果人們不願意補償你，你就不要讓別人從你這裡得到東西，」這是他們的思維，「不要讓任何事情阻礙你得到想要的東西。」再一次，如果今天的情況與1960、1970年代一樣，這樣的想法很合理，但事實並非如此。所以對嬰兒潮世代的孩子來說，一些好的想法就這樣被扭曲。

X世代與Y世代被教導相信可以得到自己想要的東西。成長在網路興起前的X世代對這個教誨的詮釋是你得埋頭苦幹。被忽視與遺忘的X世代並沒有真正反抗過，或在年輕時堅持什麼主張。是的，冷戰還沒結束，但與1960、1970年代的冷戰相比，情勢已經和緩。X世代在學校沒有核子攻擊演習，成長在1980年代的生活很美好，接著1990年代與千禧年甚至經歷繁榮。網路公司、電子商務、電子郵件、線上交友、網購免運費。不用等，現在就可以得到它！

Y世代有著權利意識。許多雇主抱怨新進基層員工常要求很多。但身為觀察家，我不相信這是權利意識。這個世代的人想要努力工作，也願意努力工作。我認為這其實是急躁。這種急躁受兩件事推動：首先以為可以很快得到成功、金錢或幸福。儘管我們可以很快得到資訊與書籍，但事業與成就感並不行。

第二個要素更讓人不安。這是內部獎勵機制出現短路的

結果。在 Y 世代成長的世界，大規模是常態，金錢比服務其他人更有價值，而科技用來管理人際關係。他們成長的經濟體制優先考慮數字而不是人。這樣的體制被盲目接受，彷彿向來都是如此。如果我們不採取行動來克服或降低他們生活中的抽象狀態，假以時日，他們可能會是父執輩欲求過度下的最大輸家。因為 Y 世代在這樣的世界成長，更容易被這種短路影響，沒有人能免疫。

▌假多工，真分心

想像你在 3 萬 5000 英尺高空的飛機上，以 525 英里的時速從紐約飛到西雅圖。航程平穩，沒有亂流。這是一個晴朗的日子，機長預測整個航程會非常平順。機長與副駕駛都是經驗豐富的飛行員，具備多年飛行經驗，班機也配備最現代的航空電子設備和預警系統。根據美國聯邦航空總署的要求，兩名飛行員每年都會在航空公司的模擬飛行器進行好幾次訓練，練習處理各種突發事件。在 100 英里之外，10 年資歷的飛航管制員正坐在一棟沒有窗戶大樓裡的黑暗房間，盯著儀器監控管制區的空中交通，你的航班目前正在他的管制區。

現在想像一下，控制員旁邊有手機。值班不可以打電話，但可以收發簡訊、查看電子郵件。想想他可以把座標傳

給某個航班，檢查電子郵件，然後發座標給另一個航班，再檢查他的電話。這很公平吧。

我相信大多數的人會不放心，我們寧可飛航管制員在休息時間檢查電子郵件、發送簡訊。如果完全禁止上網跟使用手機，我們會覺得放心許多。只有當生命出現危險的時候，我們才會看到這個例子很嚴重。因此，如果我們把攸關生死這段拿掉，為何我們會認為我們可以一邊工作、一邊檢查手機，寫一段文章、發送簡訊、再寫一段、再發一則簡訊，這樣卻不會讓我們失去注意力？

Y 世代認為，因為他們跟著所有技術成長，他們可以「多工」（multitasking）。我卻要大膽地說，他們的多工並沒有更好。他們分心的表現比較好。

西北大學（Northwestern Univeristy）一項研究指出，2000 到 2010 年患有注意力不足過動症（attention deficit hyperactivity disorder，ADHD）的兒童和青少年數量激增 66 ％。為什麼這 10 年前額葉功能障礙（frontal lobedysfunction）的症狀突然激增？

美國疾病控制中心（Center for Disease Control）對注意力不足過動症的定義是經常有「集中注意力、控制衝動行為的問題（可能不考慮後果就採取行動），或是有過於旺盛的活動力。」我認為這並不單純只是這個世代比前個世代有更多患者，雖然這可能是真的；也不是因為讓孩子接受測試的

家長增多，雖然這也有可能是真的。當然，雖然有很多真正的案例，但人數突然飆升也可能是是單純的誤診。但我相信這是因為有愈來愈多的年輕人染上分心的癮頭。整個世代染上由簡訊、電子郵件與網路活動造成的多巴胺癮頭。

我們知道有時大腦會連線錯誤，激發錯誤的行為。青少年時期嚐過酒精釋放出多巴胺和血清素甜頭的人，可能會受到制約，將酒精視為抑制情感痛苦的良藥，而不去尋求其他人支持。在往後的人生階段，酗酒症狀就會出現。同樣地，手機鈴聲、震動或閃光都會釋放出讓我們感覺舒服的多巴胺，讓我們有欲望與動機重複進行可以產生相同感覺的行為。即使我們正做著某件事，因為查看手機會覺得很舒服，所以不願等 15 分鐘先完成手邊的工作。

一旦上癮後，渴求就愈難被滿足。開車時聽到手機的叮咚聲，我們必須馬上檢查簡訊。桌上的手機在工作時震動，我們會打破專心狀態，一定要看一下手機。如果嬰兒潮世代因為完成「更多」與「更大」的目標得到多巴胺，那 Y 世代是從符合「更快」或「現在」的東西那裡得到多巴胺。香菸出局，社群媒體上場，這是 21 世紀的藥物。

就像酗酒或吸毒，這種新疾病讓年輕一代變得急躁，這情況還算好，更糟的狀況是他們覺得比前個世代更加寂寞和孤立。就像酒精取代信任關係成為青少年應對挑戰的機制，結果讓他們在成年後酗酒一樣，我們從社群媒體得到正面肯

定，虛擬關係取代真實的信任關係，變成我們應對挑戰的機制。

副作用是這個世代的人比前個世代的人更努力找尋快樂和成就感。雖然他們也想把事情做好，但他們的急躁意味著很少人會投入足夠的時間和精力在一件事上，直到看到成效出現，產生成就感。在寫這本書時，我不斷遇到驚喜、奇妙、聰明、企圖心旺盛，並樂觀的 Y 世代成員，他們不是對初入社會的基層工作幻滅，就是想要離職換新工作，以便「影響這個世界」，可是卻沒有付出這個目標所需要的時間和精力。

這就像站在山腳仰望登上山頂的感覺與成就感。找出更快的方法來衡量這座山並沒有錯，如果他們想要搭直升機或發明一個登山機器可以更快攻頂，那就祝福他們吧！然而，他們似乎沒有注意到這是一座山。

這個「看到目標就要得到」的世代知道所處的位置與想要抵達的目的地，然而他們似乎無法理解這趟旅途是非常耗時的旅程。他們得知需要時間才能成功時難免會倉皇失措。他們很樂意在短時間投入大量的精力和心血工作，但付出承諾與膽量卻很難。精力原本投入在少數的事情，現在似乎已經分散到許多事情上。

Y 世代回應許多社會議題的方式印證這種趨勢。他們與友人分享柯尼（Kony）的短片（**編註：2012 年有上萬名網**

友觀看指控烏干達戰犯科尼的影片，並支持逮捕柯尼）。很多人在網路上放上連帽 T 恤照片來支持崔馮‧馬丁（Trayvon Martin）（編註：2012 年佛羅里達州的非裔青少年馬丁在手無寸鐵的情況下被社區守護員槍殺，引發全美反種族歧視抗議）。他們用簡訊捐款給海嘯救援組織。社會瀰漫強烈的興奮感，要做好事、幫助別人，以及支持別人。然而，在多巴胺大量分泌下，注意力轉移到下一個目標。在沒有投注大量的時間和精力下，這個安於抽象狀態的世代卻把真正的承諾與象徵姿態搞混。

手錶品牌 1：Face 提供想做善事的時尚年輕人一個不用做什麼事就可以行善的機會。消費者可以購買不同顏色的手錶，資助不同的公益目標。例如，白色表示杜絕飢餓，粉紅色則代表杜絕乳癌。「1：Face」網站指出，賣錶的獲利會捐給相關的慈善機構，但他們並沒有明確說出比例。問題在於，如果問戴手錶的人他們在做什麼好事，他們可能會告訴你，他們正在協助「提高公益認知」，這就是 Y 世代的做事態度。

提高認知或「促進討論」已經太多，讓我們沒有注意到空談並不會解決問題，只有真正投注時間和精力才行。為了合理化提高認知的活動，有人提到可以對其他人施加壓力來採取行動，但這樣的說法只會更加支持我的論點：我們似乎不太願意提供自己的時間和精力去做該做的事情，反而堅持

其他人為我們做事。這也暴露出網路的局限。網路這個驚人的資訊傳播載具可以讓人意識到其他人的困境；但在緩解這個困境的能力卻相當有限。其他人的困境不是科技問題，而是人的問題。只有人類才可以解決人的問題。

就像金錢取代時間和精力的付出，現在讓人們不必實際做任何事就能行善的品牌也取代實際行善的行動，但這都無法滿足人類真正努力工作來幫助其他人的需求，也無法滿足血清素或催產素所需的犧牲標準。多巴胺讓我們得到即時滿足，最好狀況也不過如此。這意味以個人狀況來看，我們雖然對不同善舉不斷「付出」，卻不能感受到任何歸屬感或可以持久的成就感。然而，在最壞的情況下，寂寞與孤立可能會導致危險的反社會行為。

▋ 危險的場景

感到失望和幻滅的嬰兒潮世代，自殺人數比以往都高。根據疾病控制中心 2013 年的研究，嬰兒潮世代的自殺率在過去 10 年上升近 30％，自殺已經成為這個年齡層主要的死亡原因，僅次於癌症和心臟病。自殺人數增加最多的年齡是50 多歲男性，自殺率爆增 50％。愈來愈多嬰兒潮世代死於自殺，而不是車禍。

除非我們做些什麼，否則狀況可能會變得更糟。問題

是，在未來 20 到 30 年，目前最年輕的世代將接手管理政府和企業，這些人成長時把臉書、藥癮與網路團體當成主要的因應挑戰機制，而不是依靠真正的支持團體，依靠友誼和愛的生物連結。我預計我們會看到憂鬱症、藥物濫用、自殺，以及其他反社會行為逐漸增加。

1960 年只有 1 件重大校園槍擊案，到了 1980 年代有 27 件，1990 年代則有 58 件，2000 到 2012 年間有 102 件。這個數字很嚇人，50 多年來成長超過 100 倍。在 2000 年後發生的所有槍擊事件中，超過 70％的兇手出生在 1980 年後，很多人只有 14、15 歲而已，真讓人不安。雖然有些人被診斷出有精神障礙，但他們全都感覺孤獨，覺得自己是異類，跟學校、社區或家庭也都非常疏離。幾乎每個案例的年輕兇手本身就是霸凌的受害者，或因為社交技能拙劣或家庭問題受到排擠。

生病的瞪羚會被推到羚群邊緣，被推出安全圈外，所以獅子會獵殺比較虛弱的瞪羚、而不是比較強壯的瞪羚。我們原始的哺乳動物大腦讓我們得出相同的結論。當我們感覺處在安全圈外面時，沒有歸屬感，也不覺得受到關愛，因而覺得失去控制、被人遺棄，只能等死。當我們覺得被孤立時，我們就變得絕望。

虛擬關係不能解決現實問題，事實上可能使情況變得更糟。花太多時間在臉書上的人經常會覺得沮喪，因為他們會

比較自己和其他人的生活認知。密西根大學（University of Michigan）社會心理學家在 2013 年進行一項研究，他們花兩週追蹤 82 位年輕成人的臉書用戶。在研究開始時請他們對生活的滿意程度評分。然後研究人員每隔 2 小時跟受訪者聯絡，請它們察看對自己的感覺，以及他們花多少時間在臉書上，1 天 5 次。兩週結束時，在臉書上花的時間最多的人，對生活的滿意度最低。「跟增進幸福剛好相反……」，這份研究的結論提到，「對年輕成年人來說，在臉書上互動反而會破壞幸福，與預測相反。」

這就是我們的處境。我世代上了績效的癮，拆除保護我們免受企業虐待和股市崩盤的控管機制。分心世代活在抽象世界，認為自己有注意力不足過動症的問題，但更可能是迷上社群媒體與手機，對多巴胺上了癮。我們似乎跌入深淵，我們該怎麼辦？

好消息是，希望還是在自己手上。

PART VIII

成為領導者

25 成為領導者的 12 個步驟

　　我們的機會看來渺茫。身為有合作天性、需要信任其他人的動物，有太多的工作環境對我們帶來最壞的情況。我們變得憤世嫉俗、妄想被人迫害、自私，並對各種癮頭來者不拒。我們的健康深陷危機，更糟的是，我們的人性也如此。但我們不能躲在藉口背後。我們不能責怪媒體、網路或這個「系統」。我們不能再繼續責怪「公司」、華爾街或政府。我們不是這個狀況的受害者，是我們打造這個狀況。

　　然而，外界的危險並不會讓我們滅亡，這些危險一直存在，永遠不會消失。套用著名英國史學家阿諾德・湯恩比（Arnold Toynbee）的話，文明通常不會因為謀殺而滅亡。文明毀於自殺。正是來自組織內部日益升高的危險，對我們構成最嚴重的威脅。幸運的是，這些危險可以良好的控制。

　　過去的 75 年，戒酒無名會（Alcoholics Anonymous）已經成功幫助人們戰勝酗酒的多巴胺癮。我們大多數人都聽過他們成功戒酒的 12 個步驟，其中第一個步驟是先承認我們有問題。

　　我們承認，太多的組織文化對績效與達到數字目標已經有了系統化的癮頭。這個癮頭，就跟所有的癮頭一樣，提供我們稍縱即逝的快感，但往往卻讓我們賠上健康與人際關

係，代價不菲。讓事情複雜化的是，我們有能力只靠名氣或財富就能提升地位，卻忽略要達到強人地位需要滿足人類學的標準。但承認上癮只是第一步，就像在戒酒無名會一樣，現在我們還要進行辛苦的復健工作。我們需要做出必要的犧牲，努力改變讓我們彼此對立的系統，並且建立能激勵我們互助的系統。這件事，我們無法單獨做到。

「你想知道戒酒無名會的全部祕密嗎？」正在復健中的喬恩問我，「你想知道究竟誰可以真正清醒，又是誰辦不到嗎？」

在沒有完成 12 個步驟之前，幾乎沒有一個參加戒酒無名會的酒鬼會徹底清醒，就算有也是少數。即使完成前 11 個步驟，在沒有完成第 12 個步驟之前很可能會再度酗酒。只有完成 12 個步驟的人，才能脫離酒癮。

第 12 個步驟就是承諾幫助另一個酒鬼戰勝這個疾病。這 12 個步驟講的都是服務。打破組織的多巴胺癮頭，關鍵就是服務。我說的不是服務我們的客戶、員工和股東。我談的不是抽象意義上的人。我的意思是要服務每天跟我們共事的那些真實、活生生，可以交往的人。

這就是為何戒酒無名會的聚會總是在教堂的地下室和社區育樂中心，而不是網路聊天室。為何一個酒鬼要聯絡他們的支持者，也就是承諾幫助他們的其他酒鬼，不是發送電子郵件，而是拿起電話聯絡，這也是有理由的。這是因為打擊

上癮需要真實的人際關係，不能是虛擬的。

　　戒酒無名會的聚會目的是為了讓人感到安全。這些人分享奮鬥過程，一起幫助別人，也接受別人幫助，他們溫暖、友善，而且熱情。對許多酗酒者來說，聚會結束，這些人際關係仍會持續下去。正如喬恩對我說，這個關係讓他不會感覺孤單，聽到其他人的故事也給了他希望。

　　「酒癮就像狼群試著攻擊你，」喬恩表示，「如果你加入戒酒計劃並留在團體裡，你就不會遭到攻擊，這個小組會保護你的安全。」換句話說，戒酒無名會就像一個家庭、一個部落，或是一排軍隊。以《伊索寓言》來說，就是牛群會彼此尾巴相對的抵禦獅子。戒酒無名會是一個建構完美的安全圈。

▌有催產素，我們才會信任他人

　　我們無法單獨抵禦世界上所有威脅，至少這樣做成效不佳。我們需要相信我們的人提供幫助和支持。正如多巴胺成癮的公司無法自我節制，試著自己遵守戒酒步驟，監控自己進步的酗酒者往往也會失敗。酗酒者不是只為了自己而成功戒酒。他們也要為那些投注時間與精力協助他們的支持者。血清素就是這樣發揮作用。它不只提高我們的地位，也強化充滿關愛與指導的人際關係。

　　接著是催產素。事實證明，那些信任和愛的感覺、溫暖與甜蜜的感覺是幫助人們戰勝毒癮的關鍵。北卡州立大學教堂山分校精神病學系的研究人員在 2012 年的研究結果顯示，催產素實際上可以對抗在酗酒者和吸毒者身上出現的人際關係退縮症狀。事實上有證據證明，在血液裡的催產素水準較高時，一開始可以避免身體對上癮的依賴。強大的證據顯示，為其他人服務、犧牲和無私的行為可以健康地釋放出催產素，可能可以減少企業文化在一開始就中毒的可能。

　　催產素威力強大，讓我們打造出信任和愛的關係，不僅可以幫助我們擊敗或阻擋上癮，還可以讓我們更長壽。美國杜克大學醫學中心 2012 年的另一項研究指出，結婚的人比單身的人要長壽得多。杜克大學的研究人員發現，從沒結過婚的人，中年早逝的機率是已婚人士的 2 倍。其他研究也指出，已婚夫婦患有癌症和心臟病的比率較低。密切、信任的關係不僅在家裡保護我們，在工作中也會保護我們。

　　類似海軍陸戰隊這種信任關係深厚的文化，實際上有助於維護組織的強健與高度的信任。在洋溢著信任和愛的組織中，要染上多巴胺的癮頭可說難上加難。催產素愈多，信任關係就愈強大，人們就愈願意冒更大的風險做出正確的事。此外，他們還會更關懷彼此，團隊績效就會變得更優異。要保持強大的安全圈，得靠在其中生活與工作的人。

　　問問從挫折中站起來的人是怎麼辦到的，不論是憂鬱

症、孤獨、失敗、被炒魷魚、家人過世、失戀、染上某個毒癮、有官司糾紛、犯罪的受害者，或是其他的挫敗等。他們百分之百會回答：「若是沒有 XXX 的支持，我根本無法辦到」，然後說出一個家人、親密朋友的名字，有時甚至是個願意付出的陌生人。

想想看，當我們受到航空公司惡劣服務的時候，光只是轉向身邊的陌生人談論遭受的待遇，就能從中找到一絲慰藉。任何處在自大狂老闆野心下的人，在遭受同樣痛苦的同事身上也能找到一點安慰。如果我們遇到的人，他的家人跟我們親近的人都受到同樣的疾病折磨，我們就會跟他們建立密切關係。我們會跟氣味相投且有共同目標的人尋求支持。

每當人們產生緊密連結時，也就是產生一種真正、真實、真誠的人際關係時，我們似乎就會找到撐過難關的力量，以及幫助別人的力量。當我們有合作夥伴協助我們撐下去時，我們就可以忍受許多困難。事實上，這不僅使艱苦變得更容易忍受，也能幫助我們因應壓力和焦慮。當我們身邊有人陪伴時，皮質醇的黑魔法就無法發揮作用。像英勇強尼或任何士兵、水手、飛行員與海軍陸戰隊員之所以願意冒著生命危險來保護身邊的人，唯一的原因就是因為他們有信心，相信身邊的人也會為他們做出同樣的事。

26 彼此共享的奮鬥

　　我們生活在已開發國家，一般不是為了生存而工作。我們擁有的東西超過所需，多到就算浪費也無所謂。根據亞利桑那州立大學土桑分校（University of Arizona in Tucson）人類學家提摩西・瓊斯（Timothy Jones）2004 年的研究，有多達 50％準備採收的食物沒被吃掉。事實上，美國家庭購買的食物平均有 14％被浪費，其中 15％是還沒有過期的產品，平均每個家庭每年丟棄的肉類、水果、蔬菜與穀物產品將近 600 美元。光是學習如何保存或冷凍更多食物每年就能省下將近 43 億美元。

　　開發中國家失去的食物數量跟美國大致相同，不過他們沒有丟棄食物。斯德哥爾摩國際水資源研究所（Stockholm International Water Institute）指出，開發中國家有多達 50％的糧食因為儲存不當而腐敗。開發中國家失去的糧食是因為沒有適當保存食物的方法；而已開發國家的我們失去食物是因為我們覺得不必要而丟棄。

　　這就是擁有太多東西的負擔。我們很容易可以消耗或處理掉不需要的東西，因為還有更多東西隨手可得。我們的揮霍並不是一個新現象。我們舊石器時代的祖先就是這樣生活。為什麼智人開始農耕，有個理論提到是因為他們一開始

就珍惜他們可以取得的資源。可以說我們從洪荒之初就一直在浪費擁有的一切，而當我們沒有條件繼續浪費時，大家才會開始調整。這些日子以來，太多組織領導者似乎在浪費人們的善意。我不知道要多久他們才不會這樣。

如果光是衡量美國人丟掉的食物、能量，以及大肆揮霍金錢的方式，就可以得出實際需求量。而這正是我們最大的挑戰：在這個社會，我們沒有感覺到負擔。一個大家共同承擔的負荷是讓我們團結一致的原因，較少的困苦意味比較不需要合作，意味催產素會更少。很少人會在天然災害發生前就志願幫助有需要的人，只有在災害發生之後才這麼做。

在當前的時代，食物、資源和選擇都豐富不缺。超市提供的產品或電力供給都讓我們認為一切都理所當然，這就是所謂的商品化，也就是當資源變得無處不在時，資源也失去原先認知的價值。電腦曾經是驚人的特殊工具，像戴爾（Dell）這樣的公司利用這些價值不菲的機器打造出龐大的生意。然而隨著供給增加，價格滑落，產品變得商品化，隨之而來的是我們對這些工具在生活中的賞識程度隨之降低。「豐富」破壞了「價值」。

我們只有在需要努力或很難獲得的時候才會珍惜，這些東西對我們才有更大的價值。無論是深埋地底的鑽石、成功的事業，或者一段人際關係，都是因為取得需要經歷辛苦的掙扎，才賦予這些東西可觀的價值。

我們會歡喜記得的不是工作，而是同志情誼，是
一群人如何團結合作地把事情做好。

▌工作中最美好的日子

當我們被問道「工作中最美好的日子是什麼時候」？極
少數人會談起平順的日子，例如，努力進行的重大專案準時
結案，而且預算還沒有超支。想想看，我們努力工作讓事情
順利進展，照理來說應該是相當不錯的日子。但奇怪的是，
風平浪靜、一切按計劃進行的日子並不是我們懷念的時光。

對大多數的人來說，幾乎每件事都出錯的專案反而有著
更溫暖的回憶。我們還記得整個團隊如何挑燈夜戰到凌晨三
點，吃冷掉的比薩，幾乎差點就趕不上結案日。我們都會牢
記這種經驗，視為工作中一段美好的時光。這不是因為專案
本身有多困難，而是因為我們共享這趟艱辛的旅程。我們會
歡喜記得的不是工作，而是同志情誼，是一群人如何團結合
作地把事情做好，這個原因再自然不過。當我們辛苦掙扎，
相互幫助的時候，我們的身體就會釋放出催產素。換句話
說，當我們共享艱辛的時候，在生物學上，我們的關係就會
變得愈來愈密切。

聽我重複說同樣的話你可能會覺得厭煩，但我們的身體
正試圖鼓勵我們重複做對我們有好處的行為。在日子難過

時，除了讓我們因為彼此互助而感覺良好，還有其他更好的方法能保護我們的部落、組織或物種嗎？我們那些「工作中最美好的日子」都是我們互相幫助，彼此克服困難的時光。如果那些日子沒有留下美好的回憶，可能是因為組織沒有真正團結，普遍出現陷害別人與自私自利的行為。當我們處於必須捍衛自我的公司，即便那些「工作中美好的日子」，從生物學的角度來看仍舊是糟糕的時光。

軍人會滿心歡喜地談到駐外時光。這群人在嚴峻的條件下生活，面臨真實的危險威脅，卻對這些時光有著美好回憶，這似乎很怪。他們可能不會覺得樂在其中，甚至會說很討厭那段日子。然而，讓人驚訝的是，有太多人會提到很感激有這些經驗。這是因為我們感受到催產素，明白由於有其他人幫助，我們總算能撐過那段時間。一旦撤回基地，這種人際關係也可以幫助這些官兵處理艱困的情況。跟主流看法不一樣，前線軍人的自殺比率反而比留在後方的人略低。有個理論認為，當他們的團隊一起去面對外部威脅時，沒有上前線的人反而更難應付孤獨。

在資源匱乏且危險迫在眉睫的時候，我們自然會團結一致。這就是為什麼穿著不同制服的四大軍種在戰爭時可以攜手合作，但回到五角大廈就像被寵壞的小孩彼此鬥嘴。在戰爭時，當不確定性很高、外部威脅很真實的時候，大家會合作以提高生存和成功的機會。相較之下，一旦回到五角大

廈，當失去巨額預算變成眼前面臨的最大威脅，各軍種的領導者往往會以保護或推動自我利益為名，相互對抗。在戰鬥中一個軍人犧牲自己來幫助其他軍種的人的故事很常見，在五角大廈中，一個軍種犧牲自己來幫助另一個軍種得到需要的東西反而很少見。

如果要迫使人類合作度過艱困時期，物種才能茁壯成長，那麼，我們需要做的便是重新界定在資源過剩的當前年代中，學習重新適應「艱困」。要了解在這些複雜的條件下，我們該如何依天性來運作。我們並不需要放棄富饒的生活、過著和尚般的生活才做得到，但我們面臨的挑戰是，我們對未來的願景局限在我們可用的手段。我們需要重新建構一個以現有資源去做無法完成的願景，然後付諸實踐。

▍重新定義「打拚」

小型企業的創新往往繞著大型企業走，這並非偶然。雖然大型企業幾乎都是小企業靠著創新起家，但當企業變大時卻好像失去創新能力。這些日子以來，擁有豐沛資源的大公司想要創新，唯一的方式似乎就是併購有遠大想法的小公司。然而大企業的領導者可曾停下腳步思索，為何那些資源稀少、員工人數少但會一起打拚的小公司反而可以提出最創新的點子？規模和資源不必然是優勢。

　　對小型企業來說，員工因為資源有限，非得一同打拚不可，而且是跟一心一意要從無到有打造成功的人共事。這是一個很好的公式，但對已經共同吃苦且成功的組織來說，重新創造出這樣的條件極其困難。這是我們覺得蘋果讓人著迷的一個原因。蘋果多次複製成功經驗，從蘋果 I&II 到麥金塔、iMac 電腦，從 iPod、iTunes 再到 iPhone。他們不是尋找新方法來推銷舊產品（大多數成功企業都這麼做），他們發明新產品，並在新的產業中競爭。

　　我們已經知道人類這個物種不是在豐富資源的條件下誕生。當我們身處資源豐富的環境時，我們的內部機制反而可能會短路。我們也知道，如果影響人類行為的化學物質失去平衡，公司員工就會有更大的風險屈服於由多巴胺驅動、短期的獎勵機制。我們還知道，要等到催產素和血清素流竄時，大家才會一起合作。

　　成功組織的領導者如果想要創新、或是掌握員工的忠誠，得到愛護，就必須重新定義公司面臨的挑戰。重新定義的條件不是用絕對值來看，而是要用相對於他們成功的條件來看。換句話說，在安全圈外的危險和機會應該被放大，以配合組織規模。讓我再解釋一下。

　　小公司得辛苦打拚，因為它沒有足夠資源確保自己可以存活。生存是非常現實的問題，人與人之間能密切合作、想出辦法來解決問題，往往就是成功和失敗的分水嶺，試圖用

錢來解決問題的方法成效比較差，也無法持續。

　　相反地，更大、更成功的公司因為資源豐富，並不擔心生存問題。生存不是動力，成長才是。但我們已經知道，成長是抽象不具體的目標，無法激勵員工。組織領導者必須提供員工成長的理由，才能點燃大家的奮鬥精神。

　　要真正激勵員工，就需要一個比可用資源還更大的挑戰。我們需要與這個世界有關但卻沒出現過的願景，我們需要一個讓員工上班的理由，而不光是一個要去實現的雄偉目標，這就是偉大組織領導者要做的事。他們設定的挑戰艱鉅，實際上根本還沒有人知道要做什麼、或要如何解決它。

　　比爾‧蓋茲為微軟設定的目標，是每個人的辦公桌上都有一台個人電腦。這個願景的成果如何？雖然微軟在已開發國家可能已經大致實現這樣的目標，但離這個目標全部完成還有一段很長的路要走。就像小型企業一樣，如果大型組織可以依據既有能力來設定挑戰，人們就會想辦法來達成，創新就是這樣來的（可悲的是，微軟的領導者破壞他們尋求創新所需的根本條件，這很大程度可以歸咎於鮑爾默領導無方，他傾向砸錢來解決問題，在必要時犧牲員工）。

　　賈伯斯打從一開始就說「要在世界留下烙印」。更實際的說，他相信人類想要真正掌握科技的全部價值，唯一的方法就是讓科技適應我們的生活，而不是要我們適應科技運作。這就解釋為何直覺式的界面和簡潔風格成為推動這個願

景的關鍵。

如果組織領導者提供員工一個可以相信的願景，如果他們提出一個以現有資源無法完成的挑戰，員工就會付出一切解決問題。而在過程裡，他們不僅會創新，並推動公司前進；他們甚至可能在這過程中改變一個產業，或改變這個世界（就像早期的微軟一樣）。但如果資源比眼前的問題還多，那麼豐富資源反而會對組織成員造成反作用。

雖然可能要跨出許多小步伐才能造成大躍進，但小步伐並不會激勵我們，大躍進的願景才會。只有當我們承諾投注精力落實願景之後，才能在回顧生命時對自己說，我們這項工作真的很重要。

▌人的價值

米爾格蘭在 1960 年代針對權威與服從進行的實驗顯示，相信有更高權威存在的人比較不會執行傷害別人的命令。這項實驗裡，沒有把科學家視為最高權威的志願者才會拒絕完成實驗。正因為他們堅守一個更遠大的目標：他們才有力量不盲目地聽從命令。

在企業裡，我們的老闆或客戶都不是最高的權威。就算是上市公司，股東或華爾街分析師也不是。信不信由你，小型公司最終要回應的也不是投資者。這些「權威」都是米爾

人類茁壯成長 5 萬年，不是因為擁有服務自己的動力，而是因為我們受到激勵，要為其他人服務。

格蘭實驗中穿著白色實驗長袍的科學家。在工作中，他們也許是權威，但絕非可以左右我們決策的最終權威。正如米爾格蘭的研究讓我們預測到，擁有強烈問題意識、強大目標意識，以及能勇敢頂住華爾街或抽象股東壓力的領導者與企業，長期績效更為優異。

查普曼努力工作，確保公司保持獲利並繼續成長，但他僅把獲取利潤視為用來服務貝瑞威米勒公司員工的手段。在他心中，利潤是燃料，而不是目的。查普曼回應的是一種更高的權威，覺得自己有責任照料公司的所有兒女。查普曼勇氣十足，懂得不去理會要求他為了美化財報數字做出短期決策的人。

與只利用勞工從中獲利的人相比，好市多的辛尼格相信他對員工肩負更多的責任。海軍陸戰隊領導者受到的訓練是要把他們帶領的海軍陸戰隊員放在自己之前。西南航空的每位執行長都知道要先對員工負責。服務好員工，員工就會好好服務客戶，最終會推升業績和效益，讓所有利害關係人受益，優先順序要這樣設定才對。

這些卓越的領導者和在組織工作的所有人都相信，他們

是為了一個目標服務，不是服務帶著自私動機的外人，那個
目標永遠都是人，每個人都知道自己為何而戰。

　　當一家公司宣稱目標是要成為全球領先廠商、變成一個
家喻戶曉的名字，或是生產最棒的產品，這些目標都是自私
的欲念，在公司之外沒有提供價值給任何人（甚至不給公司
裡的每個人）。這些目標無法啟發員工，因為這些目標稱不
上真正夠資格的目標。沒有人早上醒來就覺得受到激勵，先
達成這些目標。換句話說，這當中沒有一個是比公司還要大
的目標。

　　人類茁壯成長 5 萬年，不是因為擁有服務自己的動力，
而是因為我們受到激勵，要為其他人服務。這就是 12 個步
驟的價值所在，我們需要領導者提出一個很好的理由，讓我
們願意承諾關照對方。

27 我們需要更多領導者

A-10 飛行員英勇強尼相信他最大的資產是對地面部隊有同理心，但在阿富汗經驗的幾年後，他才學會成為一個領導者。那是一項把飛機降落在內華達州沙漠的訓練勤務。他的地勤組長、也就是分配照顧他飛機的飛官，走過來跟他打招呼，並協助他離開噴射機。那一天地勤組長表現失常又分心，被英勇強尼大聲呵斥。他要身邊的人都處在最佳狀態，這樣他才能展現出最佳狀態，支持地面部隊。

地勤組長跟他道歉。他解釋因為沒有充足睡眠，所以很疲倦。他上夜校，而且和妻子剛有小孩，讓他們整晚難眠。就在那一刻，英勇強尼意識到，同理心不能只給志在服務那些無名、沒有臉孔的人，也不能只給我們的客戶或朝九晚五工作的員工。如同英勇強尼的解釋，同理心是「（我們）分分秒秒都欠每個人的服務，如果（我們）是領導者的話。」

領導力不是一張可以少做一點事的執照，而是一種要多做一些事的責任。但這就麻煩了，打造領導力需要努力，需要時間和精力。最後的成效不一定好衡量，也不一定立竿見影，領導力永遠都是對人的承諾。

與我相同論點的人都希望我們能以某種方式促進改變，推動更大的福祉，其中包括商業利益的好處。雖然很多人讀

這些書和文章都會同意這些意見，但組織領導者並不會大張旗鼓地挑戰現狀。

數據證明，當我們效法查理・金、查普曼、辛尼格、馬科特艦長、古德拉特及桑德林議員帶領組織時，有形、可衡量的好處總是比現狀更好。然而，傅利曼的理論與威爾許這樣的高階領導人落實的做法卻仍然是市場主流。

許多領導者喜歡威爾許經營企業的方法，而不是辛尼格的領導理論，只是因為前者帶來更多的快感（請參考圖 21-1）。辛尼格的風格可能不像搭雲霄飛車一樣刺激，卻比較穩健，可以讓公司以更穩健的方式成功。相反地，威爾許的作風更像賭博。起伏波折，不是大贏就是大輸。驚險、刺激，閃耀著亮光、強烈的感官刺激，就像在拉斯維加斯一樣。如果你有足夠的錢，可以在低點時還持續下注，那麼你可能會中大獎。但是，如果你沒有籌碼可以長期玩下去、如果你不確定可以算準退場時機，或假如你追求永續與穩定；那麼，你很可能會寧可投資在一個擁有強大安全圈的公司上。在一個經濟體中出現幾家像雲霄飛車一樣的公司還不算什麼大問題。但當有太多領導者把多巴胺快感放在照顧員工前面的時候，整個經濟就會失衡。

如果領導者就像家長一樣做每一件事，就會承諾保護照顧的人的幸福，並願意犧牲自己，保障團隊成員的利益，使領導者離開很久之後，成員仍能高舉旗幟向前行。

　　17 世紀英國物理學家牛頓（Sir Isaac Newton）提出第二運動定律 f = ma。施加於物體的淨外力等於物體的質量與加速度的乘積。當我們的目標是要推動巨大質量的物體，我們就需要用更多的外力。如果我們想改變大公司的經營方向、或解決一個大問題，我們需要一股龐大的力量，我們往往會有下面的做法。我們需要大幅的重新定位或大規模組織重整。然而施加強大力量會使人心惶惶。大家會擔憂這種做法可能弊大於利，安全圈就這樣破壞了。

　　然而，我們往往忽略另外一個變項，也就是加速度的「a」。誰說改變必須突然或瞬間發生？查普曼、查理・金、馬科特艦長並沒有帶著新理論大搖大擺拆解組織。他們修修補補，推動微型改變，最後醞釀出動能，改變持續累積發酵，組織與成員也跟著改造成功。

　　真正的領導不是鞏固最高領導者，而是團隊成員都負起責任。雖然愈高層的人有權力做更大規模的工作，但我們每個人都有維持安全圈強大的責任。我們都必須從今天開始，為了別人的幸福，從小事情開始做起，一天一天地做下去。

　　讓我們都成為自己希望擁有的領導者。

　　如果這本書對你有所啟發，請轉送給你想要鼓勵的人。

謝辭

　　寫完這本書讓我有股強烈的成就感，這是我做過最困難的一件事情。經過許多失眠的夜晚、沒有休息的週末、錯過的家庭活動，還有那些令我絕望與覺得自己辦不到的時刻。唯有靠著一些朋友的愛、支持與友誼，我才有辦法寫完這本書。所以我想跟身邊的人分享一點點血清素應該再適合不過。我希望我讓他們感到驕傲。

　　首先要感謝讓我驚喜的發行人，阿德里安·扎克赫姆（Adrian Zackheim）。他從《先問，為什麼？》開始冒險出版我的書，現在又出版這本書。他對我很有耐心（這需要有很大的耐心），並協助讓我的想法更加完善。安全圈的概念正是在我們共進午餐的時候出現，我真希望我還留著那張便條紙。謝謝你，阿德里安。

　　丹妮爾·薩默斯（Danielle Summers）是我最棒的研究助理，我像書呆子一樣熱愛科學，而且試著解開手邊的問題，若沒有她以無窮的精力來幫助我理解這一切，我不可能會學到這麼多。現在她已經是一位護士，對她服務的人來說真是個福音，但我很想念她。謝謝妳，丹妮爾。

　　在寫第一本書時，我發現在飛機上的生產力很高。我搭機到美國各大城市，帶著筆記型電腦。但寫這本書時不同。為了寫這本書，我發現如果有一個人督促我完成任務，我的

生產力會大幅提升。莎拉‧哈曼（Sarah Haarmann），謝謝妳確保我可以完成工作。我相信，如果沒有莎拉在旁邊敦促我，這本書肯定要花上 2 到 3 倍的時間。謝謝妳，莎拉。

有些朋友似乎總是在最需要的時候就會現身。珍‧哈凜（Jenn Hallam）在這過程中一直是我的貴人。一開始她幫我釐清思路。在我寫了想法雜亂的幾百頁文字之後，她又幫助我理清頭緒。在案子快結束，我覺得自己不能再做下去時，是她陪著我。甚至在最後一刻鐘，一天得工作 15、16，甚至 17 個小時才能完成時，珍也在這裡。珍，謝謝妳。妳真是了不起。

我要特別讚揚我的優秀團隊，包括金‧哈里森（Kim Harrison）、莫妮克‧赫勒史壯（Monique Helstrom）、大衛‧米德（David Mead），以及史蒂芬‧雪德勒茲奇（Stephen Shedletzky）。你們在這整個過程對我大力協助，又有耐心。多虧有你們，我才有動力完成工作。

馬特‧惠特中校（Lt. Col. Matt Whiat）與查爾斯‧施洛克摩頓少校（Maj. Charles Throckmorton），謝謝你們在阿富汗之行一路照顧我。跟其他經驗相比，這個經驗讓我學到服務的真諦。我非常感激能跟你們有這趟體驗，你們是我的兄弟。

美國空軍的保羅‧穆利斯中校，謝謝你分享那些非凡人士的故事。你是第一個告訴我英勇強尼故事的人。當我最需

要你時，你總是在我身邊，我感激不盡。你憑著一股勇氣，堅持從軍時立下的志向。就是這股精神，鼓勵我繼續走下去（直到現在仍然如此），謝謝你。

謝謝我的經紀人理察‧潘恩（Richard Pine）與編輯瑪麗亞‧加利亞諾（Maria Gagliano），感謝你們協助我實現那些瘋狂的想法，謝謝你們。

有幾個朋友慷慨地把時間留給我，聽書稿的內容是否合乎邏輯。謝謝茱莉亞‧赫爾利（Julia Hurley），你不僅是第一個閱讀手稿的人，而且還做了很多功課，確保書中提到的所有事實都正確。謝謝凱蒂‧詹金斯（Katie Jenkins）、寇特妮‧凱勒（Courtney Keller），以及克莉絲汀娜‧霍頓（Christina Houghton），謝謝你們的閱讀與傾聽。肯德拉‧費茲傑羅（Kendra Fitzgerald），謝謝妳總是會定期提醒我並不孤單。妳總是會適時提供我靈感，幫助我度過整個過程。我要特別感謝莎拉‧沙利斯伯里（Sarah Salisbury），妳不是只是傾聽我的看法，妳還跟我一同分擔這個專案的壓力。謝謝妳，莎拉。

有幾個人深深影響我對領導和服務的認識。查普曼，我很驕傲可以稱你為導師和朋友，我會永遠牢記心裡，把你的薪火傳承到未來；美國海軍陸戰隊（退役）中將佛林，我的長官，從第一通電話開始，我們就開始建立關係。你是我的老師、我的朋友，現在更是我的合作夥伴，我們要一起努力

改變世界。查理‧金，你的慷慨我只在幾個人的身上看過。謝謝你快速丟出的想法與不斷的耳提面命，美國海軍（退役）艦長馬科特，我依然是你的粉絲。你對領導的意義與如何發揮作用的看法比任何人都清楚。謝謝你成為我的智囊，讓我有如此驚奇的朋友。

感謝撥冗接受我採訪與跟我交流想法的所有人，即使我們談話沒有出現在最後的定稿上，但是你們讓我更理解這個議題。史考特‧貝爾斯基（Scott Belsky）、梅根‧貝茲迪切克（Megan Bezdichek）、馬修‧畢夏普（Matthew Bishop）、湯姆‧布羅考（Tom Brokaw）、羅瑞塔‧布魯寧博士（Dr. Loretta Breuning）、納揚‧布薩（Nayam Busa）、艾西莉‧布希（Ashley Bush）、皮爾斯‧布希（Pierce Bush）、約翰‧卡西奧普（John T. Cacioppo）、蘇珊‧凱恩（Susan Cain）、大衛‧科波菲爾（David Copperfield）、凱利‧丹恩（Kelly Dane）、查爾斯‧丹漢博士（Dr. Charles Denham）、彼得‧多克（Peter Docker）、美國空軍上校麥克‧德洛里（Col. Michael Drowley Drowley）、大衛‧艾克斯坦（David Ekstein）、喬‧佛斯特（Jo Frost）、塞斯‧高汀（Seth Godin）、阿德里安‧格雷尼爾（Adrian Grenier）、克里斯汀‧哈帝（Kristen Hadeed），美國空軍中校迪迪‧哈爾甫西爾（Lt. Col. DeDe Halfhill）、史考特‧哈里森（Scott Harrison）、肯與特瑞‧赫茲（Ken and Teri

Hertz）、艾麗莎・霍根（Elissa Hogan）、喬伊（Joey）、美國空軍（退役）將軍雷・約翰（Gen. Ray Johns）、美國空軍（退役）中將達雷爾・瓊斯（Gen. Darrell Jones）、基普學校（Kipp School）中那些驚奇的人、泰德・科佩爾、吉姆・科威刻（Jim Kwik）、利蘭・梅爾文（Leland Melvin）、桑默・萊恩・奧克斯（Summer Rayne Oakes）、卡麥隆・帕克（Cameron Parker）、史拉吉・波森（Shrage Posen）、彼得・羅斯堪（Peter Roskam）、克雷格・羅素（Craig Russell）、史蒂芬妮・桑德林、茱爾斯・雪爾（Jules Shell）、朗達・斯賓塞（Rhonda Spencer）、林恩・斯托特博士、馬特・坦尼（Matt Tenney）、威廉・尤瑞博士、彼得・威布洛博士（Dr. Peter Whybrow）、卡蜜・尤德、保羅・扎克博士（Dr. Paul Zak），以及我在帕里斯島（Parris Island）、勒詹恩營區（Camp Lejeune）與匡堤科海軍陸戰隊基地（Marine Corps Base Quantico）所遇到的卓越的海軍陸戰隊員。

　　還有蘿莉・佛林（Laurie Flynn）。在我以為這個計劃只剩 2 到 3 個月就要結束的時候，蘿莉跳下來協助我收尾，結果，竟然花了 1 年才完成這本書。沒有人比她跟我共享過更多的皮質醇，因為我們合作完成這個計劃。我們一起經歷許多一天工作 14 個小時的日子。最後我們總是發現自己咯咯地笑。我真的喜歡和蘿莉共事，我根本就愛死她了。蘿莉，

我會很高興能再跟你一起合作寫書。謝謝妳，蘿莉。

　　我還要感謝另外一群人，也許是最重要的一群人。你們花時間來閱讀我的隨筆並聽取我的想法，你們志願以《最後吃，才是真領導》的精神來領導團隊。謝謝你們有勇氣擔任這個世界需要的領導者。我會盡我所能來分享你們的故事，在你們努力服務那些也在服務其他人的人的時候，我會大力支持你們。正是因為你們，我知道只要攜手合作，就能把世界變得更美好。

　　讓我們繼續努力！

國家圖書館出版品預行編目（CIP）資料

最後吃，才是真領導 / 賽門・西奈克（Simon Sinek）著；
顏和正譯 . -- 第一版 . -- 臺北市：天下雜誌，2014.07
　　面；　　公分 . --（天下財經；261）
譯自：Leaders Eat Last:Why Some Teams Pull Together
and Others Don't
ISBN 978-986-241-916-8（平裝）

1. 企業領導 2. 組織管理

494.2　　　　　　　　　　　　　　　　103011838

訂購天下雜誌圖書的四種辦法：

◎ 天下網路書店線上訂購：www.cwbook.com.tw
　　會員獨享：
　　1. 購書優惠價
　　2. 便利購書、配送到府服務
　　3. 定期新書資訊、天下雜誌群網路活動通知

◎ 請至本公司專屬書店「書香花園」選購
　　地址：台北市建國北路二段 6 巷 11 號
　　電話：(02) 2506 － 1635
　　服務時間：週一至週五　上午 8：30 至晚上 9：00

◎ 到書店選購：
　　請到全省各大連鎖書店及數百家書店選購

◎ 函購：
　　請以郵政劃撥、匯票、即期支票或現金袋，到郵局函購
　　天下雜誌劃撥帳戶：01895001 天下雜誌股份有限公司

＊ 優惠辦法：天下雜誌 GROUP 訂戶函購 8 折，一般讀者函購 9 折
＊ 讀者服務專線：(02) 2662-0332（週一至週五上午 9：00 至下午 5：30）

最後吃，才是真領導

讓部屬擁有安全感，打造挖不走的零內鬨團隊

Leaders Eat Last: Why Some Teams Pull Together and Others Don't

作　　者／賽門‧西奈克（Simon Sinek）
譯　　者／顏和正
封面設計／斐類設計
責任編輯／蘇鵬元、傅叔貞

發 行 人／殷允芃
出版部財經館總編輯／吳韻儀
出 版 者／天下雜誌股份有限公司
地　　址／台北市 104 南京東路二段 139 號 11 樓
讀者服務／（02）2662-0332　　　　傳真／（02）2662-6048
天下雜誌 GROUP 網址／ http://www.cw.com.tw
劃撥帳號／ 01895001 天下雜誌股份有限公司
法律顧問／台英國際商務法律事務所‧羅明通律師
印 刷 廠／中華彩色印刷股份有限公司
裝 訂 廠／臺興印刷裝訂股份有限公司
總 經 銷／大和圖書有限公司　　　電話／（02）8990-2588
出版日期／ 2014 年 07 月 09 日第一版第一次印行
　　　　　 2017 年 03 月 28 日第一版第七次印行

定　　價／ 350 元

書號：BCCF0261P
ISBN：978-986-241-916-8（平裝）

天下網路書店 http://www.cwbook.com.tw
我讀網 http://books.cw.com.tw
天下讀者俱樂部 Facebook　http://www.facebook.com/cwbookclub